U0321507

水利工程
测量与施工组织管理研究

李伟伟　董欣婷　马习贺　著

哈尔滨出版社
HARBIN PUBLISHING HOUSE

图书在版编目（CIP）数据

水利工程测量与施工组织管理研究 / 李伟伟，董欣婷，马习贺著． -- 哈尔滨 ： 哈尔滨出版社，2024 3
ISBN 978-7-5484-7127-1

Ⅰ．①水… Ⅱ．①李… ②董… ③马… Ⅲ．①水利工程测量－研究②水利工程－施工管理－研究 Ⅳ．① TV221 ② TV5

中国国家版本馆 CIP 数据核字（2023）第 051082 号

书　　名：水利工程测量与施工组织管理研究
SHUILI GONGCHENG CELIANG YU SHIGONG ZUZHI GUANLI YANJIU

作　　者：李伟伟　董欣婷　马习贺　著
责任编辑：张艳鑫
封面设计：张　华
出版发行：哈尔滨出版社（Harbin Publishing House）
社　　址：哈尔滨市香坊区泰山路 82-9 号　邮编：150090
经　　销：全国新华书店
印　　刷：廊坊市广阳区九洲印刷厂
网　　址：www.hrbcbs.com
E - mail：hrbcbs@yeah.net
编辑版权热线：（0451）87900271　87900272
开　　本：787mm×1092mm　1/16　**印张：**10.75　**字数：**240 千字
版　　次：2024 年 3 月第 1 版
印　　次：2024 年 3 月第 1 次印刷
书　　号：ISBN 978-7-5484-7127-1
定　　价：76.00 元

前　言

　　测量学是研究地球的形状和大小，以及确定地面（包括空中、地下和海底）点位的科学，是研究地球整体及其表面和外层空间中的各种地貌和地物的信息进行采集处理、管理、更新和利用的科学和技术，即确定空间点的位置及其属性关系。它主要有三个方面的任务：一是研究确定地球的形状和大小；二是将地球表面的地物地貌测绘成图；三是将图纸上的设计成果测设至现场。测量学是一门理论与实践操作结合较为密切的课程，其教学目的是让学生学会基本理论的同时，能够完成简单的实际操作，学会水准仪、经纬仪、全站仪、测距仪、GPS测量方法，学会数据处理，掌握地形图的测绘及应用，做到会测、会绘、会算，掌握这三项基本技能。

　　水利工程测量属于工程测量学的范畴，在工程建设中有着广泛的应用。工程设计阶段的图纸、施工阶段的放线、竣工和营运阶段的变形测量都要用到工程测量的各种知识。工程建设中测量的精度直接影响着整个工程的质量和进度。

　　本书根据水利水电专业人才培养要求及"测量学"课程的教学大纲编写而成，适合学时适中的"测量学"课程使用。全书内容主要包括水准测量、角度测量、距离测量与直线定向、全站仪的使用、小地区控制测量、GPS定位原理及应用简介、地形图的测绘与应用、民用建筑施工测量、测设的基本工作、古建筑测绘；本书的主要特点是注重测量学基础知识、基础技能的叙述，由浅入深，深入浅出，图文并茂，突出了课程的基础性、实用性、技能性，注重理论与实际的结合。

　　本书根据专业的特点进行编写，以工程测量中典型的工作任务为主线，以职业技能的培养为根本目的，使用项目导向、任务驱动的模式进行教学。理论知识充分考虑到工程测量一线工作的需要，注重实践教学，将测量人员所需掌握的专业理论知识、专业操作技能、测量专业标准和规范融入实践中。

　　本书在编写过程中参考了大量"测量学"教学工作者编著的著作，在此向他们表示衷心的感谢；同时，对关心和支持本书编写的各位领导及各位老师表示衷心的感谢！

目　录

第一章 水利工程测量基础

第一节 水利工程测量与地面点位置的表示方法

一、水利工程测量概述

（一）测量学的研究对象

测量学是研究地球的形状、大小和确定地球表面点位的一门学科。其研究的对象主要是地球和地球表面上的各种物体，包括它们的几何形状、空间位置关系以及其他信息。测量学的主要任务有三个方面：①研究确定地球的形状和大小，为地球科学提供必要的数据和资料。②将地球表面的地物、地貌测绘成图。③将图纸上的设计成果测设到现场。

随着科学的发展以及测量工具和数据处理方法的改进，测量的研究范围已远远超过地球表面这一范畴。20 世纪 60 年代人类已经对太阳系的行星及其所属卫星的形状、大小进行了制图方面的研究，测量学的服务范围也从单纯的工程建设扩大到地壳的变化、高大建筑物的监测、交通事故的分析、大型粒子加速器的安装等各个领域。

（二）测量学的学科分类

测量学是一门综合性的学科，根据其研究对象和工作任务的不同可分为大地测量学、地形测量学、摄影测量与遥感学、工程测量学以及地图制图学等学科。

大地测量学是研究和确定地球形状、大小、重力场、整体与局部运动和地球表面点的几何位置以及它们变化的理论和技术的学科。其基本任务是建立国家大地控制网，测定地球的形状、大小和重力场，为地形测图和各种工程测量提供基础起算数据，为空间科学、军事科学及研究地壳变形、地震预报等提供重要资料。按照测量手段的不同，大地测量学又可分为常规大地测量学、卫星大地测量学及物理大地测量学。

地形测量学是研究如何将地球表面局部区域内的地物、地貌及其他有关信息测绘成地形图的理论、方法和技术的学科。按成图方式的不同，地形测图可分为模拟测图和数字化测图。

摄影测量与遥感学是研究利用电磁波传感器获取目标物的影像数据，从中提取语义和非语义信息，并用图形、图像和数字形式表达的学科。其基本任务是通过对摄影像片或遥感图像进行处理、量测、解译，以测定物体的形状、大小和位置进而制作成图。根据获得影像的方式及遥感距离的不同,该学科又分为地面摄影测量学、航空摄影测量学和航天遥感测量学。

工程测量学是研究各种工程在规划设计、施工建设和运营管理各阶段所进行的各种测量工作的学科。工程测量是测绘科学与技术在国民经济和国防建设中的直接应用。

地图制图学是利用测量所得的资料,研究如何编绘成图以及地图制作的理论、方法和应用等方面的学科。

其中,工程测量学又包括建筑工程测量学、道路工程测量学、水利工程测量学等分支,各分支学科之间互相渗透、相互补充、相辅相成。本课程主要讲述地形测量与水利工程测量的部分内容。主要介绍水利工程中常用的测量仪器的构造与使用方法,小区域大比例尺地形图的测绘及应用,水利工程的施工测量以及测量新技术在这些方面的应用等。

（三）水利工程各阶段的测量任务及作用

测量学的任务包括测定和测设两部分:测定是指通过测量得到一系列数据,或将地球表面的地物和地貌缩绘成各种比例尺的地形图;测设是指将设计图纸上规划设计好的建筑物位置在实地标定出来,作为施工的依据。

水利工程测量是运用测量学的基本原理和方法为水利工程服务的一门学科。具体来说,就是研究水利工程在勘测设计、施工建设和运营管理阶段所进行的各种测量工作的理论、技术和方法的学科。

一项工程一般都要经过勘测设计、工程施工、运营和管理等几个阶段。

进行勘测设计必须要有设计底图。该阶段测量工作的任务就是为勘测设计提供地形图。例如,在河道上要修建水库、大坝,在设计阶段要收集该河道一切相关的地形资料,以及其他方面的地质、经济、水文等情况,设计人员根据测得的现状地形图选择最佳坝址以及在图上进行初步的设计。

在工程施工建设之前,测量人员要根据设计和施工技术的要求把工程建筑物的空间位置关系在施工现场标定出来,作为施工建设的依据,这一步即为测设工作,也就是我们所说的施工放样。施工放样是联系设计和施工的重要桥梁,一般来讲,精度要求也比较高。

工程在运营管理阶段的测量工作主要指的是工程建筑物的变形观测。为了监测建筑物的安全和运营情况,验证设计理论的正确性,需要定期对工程建筑物进行位移、沉陷、倾斜等方面的监测,通常以年为单位。反过来,变形监测的数据也可以作为以后工程设计的依据。

可见,测量工作贯穿于工程建设的整个过程,测量工作直接关系着工程建设的速度和质量。所以,每一位从事工程建设的人员,都必须掌握必要的测量知识和技能。

二、确定地面点位的方法

测量学的研究对象是地球,实质上是确定地面点的位置。地面上任一点的位置通常由该点投影到地球椭球面的位置和该点到大地水准面的铅垂距来确定,即坐标和高程。

（一）地面点的坐标

与测量相关的有地理坐标系和平面直角坐标系。

1. 地理坐标

如图 1-1 所示，NS 为椭球的旋转轴，N 表示北极，S 表示南极。通过椭球旋转轴的平面称为子午面，子午面与椭球面的交线称为子午线，也称经线。其中通过原英国格林尼治天文台的子午面(线)称为首子午面(线)。通过椭球中心且与椭球旋转轴正交的平面称为赤道面。其他平面与椭球旋转轴正交，但不通过球心，这些平面与椭球面相截所得的曲线称为纬线。

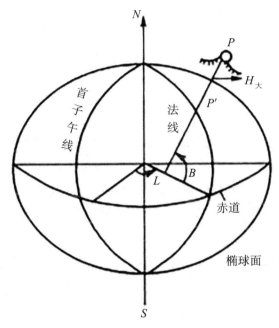

图 1-1　地理坐标

在测量工作中，点在椭球面上的位置用大地经度和大地纬度表示。所谓大地经度，就是通过某点的子午面与起始子午面的夹角；大地纬度是指过某点的法线与赤道面的交角。以大地经度和大地纬度表示某点位置的坐标系称为大地坐标系，也叫地理坐标系，地理坐标系统是全球统一的坐标系统。

在图 1-1 中，F 点子午面与起始子午面的夹角 L 就是 P 点的经度，过 P 点的铅垂线与赤道面的夹角 B 称为 P 点的纬度。

2. 平面直角坐标

1) 独立平面直角坐标。在小区域内进行测量工作，若采用大地坐标来表示地面点的位置很不方便，并且精度不高，所以通常采用平面直角坐标。

当测区范围较小时，可近似把球面的投影面看成平面。这样把地面点直接沿铅垂线方向投影到水平面上，用平面直角坐标系确定地面点的位置十分方便。如图 1-2 所示，平面直角坐标系规定南北方向为坐标纵轴 X 轴(向北为正)，东西方向为坐标横轴 Y 轴(向东为正)，坐标原点一般选在测区西南角以外,以使测区内各点坐标均为正值。

与数学上的平面直角坐标系不同,为了定向方便,测量上平面直角坐标系的象限是按顺时针方向编号的,其 X 轴与 Y 轴互换,目的是将数学中的公式直接用到测量计算中。

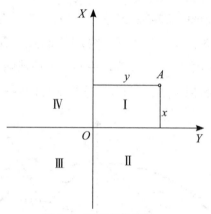

图 1-2 平面直角坐标

2)高斯平面直角坐标。当测区范围较大时,不能把球面的投影面看成平面,必须采用投影的方法来解决这个问题。投影的方法有很多种,测量上常采用的是高斯投影。如图 1-3(a)所示,高斯投影是假想一个椭圆柱横套在地球椭球体上,使其与某一条经线相切,用解析法将椭球面上的经纬线投影到椭圆柱面上,然后将椭圆柱展开成平面,即获得投影后的图形,如图 1-3(b)所示。投影后的中央子午线为直线,无长度变化。其余的经线投影为凹向中央子午线的对称曲线,长度较球面上的相应经线略长。赤道的投影也为一直线,并与中央子午线正交。其余的纬线投影为凸向赤道的对称曲线。经纬线投影后仍然保持相互垂直的关系,说明投影后的角度无变形。

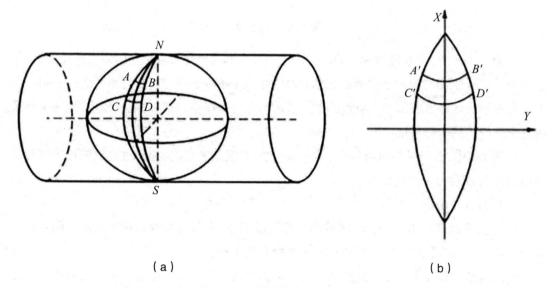

(a)　　　　　　　　　　　　　　　(b)

图 1-3 高斯平面直角坐标系

(1)高斯平面直角坐标系的建立。中央子午线投影到椭圆柱上是一条直线,把这条直线作为平面直角坐标系的纵坐标轴，X 轴，表示南北方向。赤道投影后是与中央子午线正交的一条直线，作为横轴，即 Y 轴，表示东西方向。这两条相交的直线相当于平面直角坐标系的坐标轴，构成高斯平面直角坐标系，如图 1-3（b）所示。

（2）高斯投影的分带。高斯投影将地球分成很多带，然后将每一带都投影到平面上，目的是为了限制变形。带的宽度一般分为 6°、3° 和 1.5° 等几种，简称 6° 带、3° 带、1.5° 带，如图 1-4 所示。

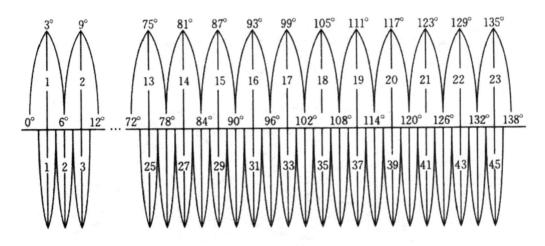

图 1-4 高斯投影的分带

6° 带投影是从零度子午线起，由西向东，每 6° 为一带，全球共分 60 带，分别用阿拉伯数字 1,2,3，…,60 编号表示。位于各带中央的子午线称为该带的中央子午线。

3. 地心坐标系

卫星大地测量是利用空中卫星的位置来确定地面点的位置。由于卫星围绕地球质心运动，所以卫星大地测量中需采用地心坐标系。该系统一般有两种表达式，如图 1-5 所示。

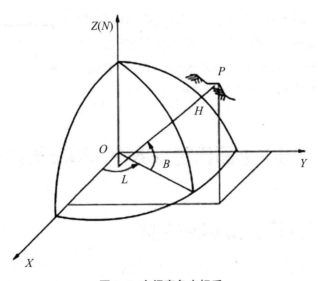

图 1-5 空间直角坐标系

（1）地心空间直角坐标系。坐标系原点与地球质心重合，Z轴指向地球北极，X轴指向格林尼治子午面与地球赤道的交点，Y轴垂直于 XOZ 平面构成右手坐标系。

（2）地心大地坐标系。椭球体中心与地球质心重合，椭球短轴与地球自转轴重合，大地经度 L 为过地面点的椭球子午面与格林尼治子午面的夹角，大地纬度 B 为过地面点的法线与椭球赤道面的夹角，大地高 H 为地面点沿法线至椭球面的距离。

（二）地面点的高程

1. 绝对高程

地面点到大地水准面的铅垂距离称为绝对高程，简称高程或海拔，亦称为正常高，通常用符号 H 表示。如图1-6中 HA、HB 分别为 A 点和 B 点的高程。

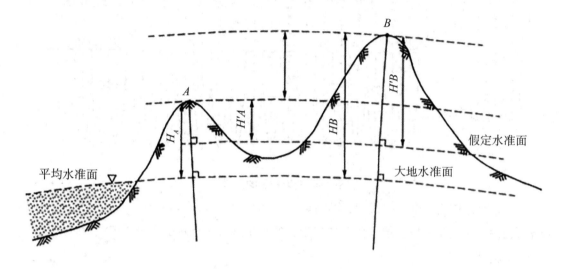

图 1-6 地面点的高程

2. 相对高程

在全国范围内利用水准测量的方法布设一些高程控制点称为水准点，以保证尽可能多的地方高程能得到统一。尽管如此，仍有某些建设工程远离已知高程的国家控制点。这时可以以假定水准面为准，在测区范围内指定一固定点并假设其高程。像这种点的高程是地面点到假定水准面的铅垂距，称为相对高程。

第二节　用水平面代替水准面的限度与测量工作

一、用水平面代替水准面的限度

一般的测绘产品是以平面图纸为介质的，因此就需要先把地面点投影到圆球面上，然后再投影到平面图纸上，需要进行两次投影。在实际测量时，若测区范围面积不大，往往以水平面直接代替水准面,就是把球面上的点直接投影到平面上,不考虑地球曲率。

二、测量工作概述

(一)测量的任务及基本工作

测量工作的根本任务是要确定地面点的几何位置。确定地面点的几何位置就需要进行一些测量的基本工作,为了保证测量成果的精度及质量,还需遵循一定的测量原则。

1. 地面点平面位置的确定

确定地面点的平面位置即确定地面点的平面坐标,测量上一般不是直接测定,而是通过测量水平角和水平距离后计算求得。

2. 地面点高程的确定

地面点高程测定的基本原理是从高程原点开始,逐点测得两点之间的高差,进而推算出点的高程。

综上所述,距离、角度和高差是确定地面点位置的三个基本要素,而距离测量、角度测量、高差测量是测量的三项基本工作。

(二)测量工作的基本原则

测量工作中将地球表面的形态分为地物和地貌两类:地面上的河流、道路、房屋等称为地物;地面高低起伏的山峰、沟、谷等称为地貌。地物和地貌总称为地形。测量学的主要任务是测绘地形和施工放样。

将测区的范围按一定比例尺缩小成地形图时,通常不能在一张图纸上表示出来。测图时,要求在一个测站点(安置测量仪器测绘地物、地貌的点)上将该测区的所有重要地物、地貌测绘出来也是不可能的。因此,在进行地形测图时,只能连续地逐个测站施测,然后拼接出一幅完整的地形图。当一幅图不能包括该地区面积时,必须先在该地区建立一系列的测站点,再利用这些点将测区分成若干幅图,并分别施测,最后拼接该测区的整个地形图。

这种先在测区范围建立一系列测站点,然后分别施测地物、地貌的方法,就是先整体后局部的原则。这些测站点的位置必须先进行整体布置;反之,若一开始就从测区某一点起连续进行测量,则前面测站的误差必将传递给后面的测站,如此逐站积累,最后测站的本身位置以及根据它测绘的地物、地貌的位置误差积累较大,这样将得不到一张合格的地形图。一幅图如此,就整个测区而言就更难保证精度。因此,必须先整体布置测站点。测站点起着控制地物、地貌的作用,所以又称为"从控制到碎部"。

为此,在地形测图中,先选择一些具有控制意义的点(称为控制点),用较精密的仪器和控制测量方法把它们的位置测定出来,这些点就是上述的测站点,在地形测量中称为地形控制点,或称为图根控制点。然后再根据它们测定道路、房屋、草地、水系的轮廓点,这些轮廓点称为碎部点。这样从精度上来讲就是从高级到低级。

遵循"由整体到局部""先控制后碎部""从高级到低级"的原则,就可以使测量误差的分布比较均匀，保证测图精度，而且可以分幅测绘，加快测图速度，从而使整个测区连成一体，获得整个地区的地形图。

第三节 测量误差与测量常用的度量单位

一、测量误差概述

（一）测量误差及分类

在测量工作中，因观测者、测量仪器、外界条件等因素的影响，测量结果经常会出现如下两种现象：一种现象是，当对一段距离或者两点间高差进行多次观测时，会发现每次结果通常都不一致；另一种现象是，已经知道某几个量之间应该满足某一理论关系，但是对这几个量进行观测后，就会发现实际观测结果往往不能满足这种关系，如对三角形的三个内角进行观测，每次测得的内角和通常不会刚好等于180°。但是只要不出现错误，每次的观测结果是非常接近的，它们的值与所观测的量的真值相差无几。观测值（量）与它的真值之间的差异称为真误差。

由于观测值是要由观测者用一定的仪器工具，在一定的客观环境中观测而得的，所以测量结果的精确性必然受观测者、仪器、外界环境三方面条件的制约，测量结果将始终存在误差而使"真值不可得"。这个论断的正确性已为无数的测量实践所证明。由于误差的不可避免性，因此测量人员必须充分地了解影响测量结果的误差来源和性质，以便采取适当的措施，使产生的误差不超过一定限度；同时掌握处理误差的理论和方法，以便消除偏差并取得合理的数值。根据观测误差对观测结果的影响性质，可将其分为系统误差和偶然误差。

1. 系统误差

在相同的观测条件下，对某一量进行一系列观测，如果这些观测误差在大小、符号上有一定的规律，且这些误差不能相互抵消，具有积累性，这种误差称为系统误差。

系统误差主要来源于测量仪器及工具本身不完善或者外界条件等方面，它对观测值的影响具有一定的数学或物理上的规律性。如果这种规律性能够被找到，则系统误差对观测值的影响则可以改正，或采用适当的观测方法加以消除或减小其对观测值的影响。

2. 偶然误差

在相同的条件下对某一量进行一系列的观测，所产生的误差大小和符号没有一定规律，这种误差称为偶然误差。

产生偶然误差的原因很多，如仪器精度的限制、环境的影响、人们的感官局限等。如距离丈量和水准测量中在尺子上估读末位数字有可能大一些也可能小一些，水平角观测的对中误差、瞄准误差、读数误差等，都是偶然误差。观测中应力求使偶然误差减小到最低限度。偶然误差从表面上看似乎没有规律性，但整体上对偶然误差加以归纳统计，则显示出一种统计规律，而且观测次数越多，这种规律性就表现得越明显。偶然误差具有如下特性。

（1）有限性。在一定的观测条件下，偶然误差的绝对值不会超过一定的限值。

（2）集中性。绝对值小的偶然误差，比绝对值大的偶然误差出现的机会多。

（3）对称性。绝对值相等符号相反的偶然误差，出现的机会相等。

（4）抵偿性。当观测次数无限增多时，偶然误差的算术平均值趋于零。

由于系统误差是可以并且必须改正的，所以测量结果中的系统误差大多已经消除，剩下的主要是偶然误差。如何处理这些带有偶然误差的观测值，求出最可靠的结果，分析观测值的可靠程度是本章要解决的问题。

3. 粗差

在测量工作中，除上述两种性质的误差外，还可能发生粗差。例如，钢尺丈量距离时读错钢尺上注记的数字。粗差的发生，大多是因一时疏忽造成的。粗差的存在不仅大大影响测量成果的可靠性，而且往往造成返工，给工作带来难以估量的损失。粗差极易在重复观测中被发现并予以剔除。显然，粗差的产生是与测量人员的技术熟练程度和工作作风有密切关系，技术生疏或者工作不认真等直接影响成果的质量，并容易产生错误。测量成果是不允许有错误的，错误的成果应当舍弃，并重新观测。

（二）评定精度的指标

所谓精度，就是指误差分布的密集或离散的程度。若两组观测值的误差分布一样，则说明两组观测值的精度一致。为了衡量观测值的精度高低，可按上节的方法制作误差分布表、直方图或误差分布曲线来进行比较，但在实际工作中，这样做比较麻烦，有时甚至很困难。因此，在实际测量工作中，更多的是采用以下几个指标来衡量观测值的精度。

二、测量上常用的度量单位

在测量工作中，常用的计量单位有长度、面积、体积和角度四种计量单位。

（一）长度单位

我国法定长度计量单位采用米（m）制单位。

1m（米）=100cm（厘米）=1000mm（毫米），1km（千米或公里）=1000m

（二）面积单位

我国法定面积计量单位为平方米（m^2）、平方厘米（cm^2）、平方千米（km^2）。另外，土地测绘中还用到公顷（hm^2）、亩等。

$1m^2=10000cm^2$，$1km^2=1000000m^2$，$1hm^2=10000m^2$，$1hm^2=15$ 亩

（三）体积单位

我国法定体积计量单位为立方米（m^3）。

（四）角度单位

测量工作中常用的角度度量制有三种：弧度制、60 进制和 100 进制。其中弧度和 60 进制的度、分、秒为我国法定平面角计量单位。

第四节　测绘仪器的使用、保养与水利工程测量的要求

一、测绘仪器的使用、保养

（一）测绘仪器的使用

1. 仪器的取、放

从箱内取出仪器时，应注意仪器在箱内安放的位置，以便用完后按原位放回。拿取经纬仪时，不能用一只手将仪器提出。应一只手握住仪器支架，另一只手托住仪器基座慢慢取出。取出后，随即将仪器竖立抱起并安放在三脚架上，再旋上中心螺旋，然后关上仪器箱并放置在不易碰撞的安全地点。

作业完毕后，应将所有微动螺旋旋至中央位置，并将仪器外表的灰沙用软毛刷刷去，然后按取出时的原位轻轻放入箱中。放好后要稍微拧紧各制动螺旋，以免携带时仪器在箱内摇晃受损。关闭箱盖时要缓慢，不可强压或猛力冲击。最后再将仪器箱上锁。

从野外带回的仪器不能放任不管，应随即打开箱盖并晾在通风的地方。晾干擦净再放回箱内。

2. 仪器的架设

安置经纬仪时，首先要将三脚架架头整平并架设稳当。在设置三脚架时，不容许将经纬仪先安在架头上然后摆设三脚架，必须先摆好三脚架而后放置经纬仪。三脚架一定要架设稳当，其关键在于三条脚腿不能分得太窄也不能分得太宽。在山坡架设时，必须两条腿在下坡方向一条腿在上坡方向，而决不允许与此相反。三脚架脚尖要顺着脚腿方向均匀地踩入地内，不要顺铅垂方向踩，也不要用冲力往下猛踩。

三脚架架设稳妥后，放上经纬仪，然后随即拧紧中心连接螺旋。为了检查仪器在三脚架上连接的可靠性，在拧紧中心螺旋的同时，用手移动一下仪器的基座，如固紧不动则说明连接正确，可进行下一步操作。

3. 仪器的施测

（1）在整个施测过程中，观察员不得离开仪器。如因工作需要而离开时，应委托旁人看管，以防止发生意外事故。

（2）仪器在野外作业时，必须用伞遮住太阳。要注意避开仪器上方的淋水或可能掉下的石块等，以免影响观测精度，同时还要保护仪器的安全。

（3）仪器箱上不要坐人。

（4）当旋转仪器的照准部时，应用手握住其支架部分，而不要握住望远镜，更不能用手抓住目镜来转动。

（5）仪器的任一转动部分发生旋转困难时，不可强行旋转，必须检查并找出原因，然后消除之。

（6）仪器发生故障以后，不应勉强继续使用，否则会使仪器的损坏程度加剧。不要在野外任意拆卸仪器，必须带回室内，由专门人员进行修理。

（7）不准用手指触及望远镜物镜或其他光学零件的抛光面。对于物镜外表面的尘土，可用干净的毛刷轻轻地拂去；而对于较脏的污秽，最好在室内处理，不得已时也可用透镜纸轻轻地擦拭。

（8）在野外作业遇到雨、雪时，应将仪器立即装入箱内。不要擦拭落在仪器上的雨滴，以免损伤涂漆。须先将仪器搬到干燥的地方让它自行晾干，然后用软布擦拭仪器，再放入箱内。

4. 仪器的撤站

仪器在撤站时是否要装箱，可根据仪器的性质、大小、重量和撤站的远近以及道路情况、周围环境等具体情况而决定。当撤站距离较远、道路复杂，要通过小河、沟渠、围墙等障碍物时，仪器最好装入箱内。在进行三角测量时，由于撤站距离较远，仪器又精密，必须装箱背运。在进行地面或井下导线测量时，一般距离较近，可以不装箱搬站，但经纬仪必须从三脚架头上卸下来，由一人抱在身上携带；当通过沟渠、围墙等障碍物时，仪器必须由一人传给另一人，不要直接携带仪器跳越，以免震坏或摔伤仪器。

水准测量撤站时，水准仪不必从架头上卸下。这时可将仪器连同三脚架一起夹在臂下，仪器在前上方，并用一手托住其重心部分，脚架尽量不要过于倾斜，要近于竖直地夹稳行走。在任何情况下，仪器切不可横扛在肩上。

撤站时，应把仪器的所有制动螺旋略微拧紧，但也不必太紧，在仪器万一受碰撞时，尚有活动的余地。

（二）测绘仪器的保养、维护

测量仪器是复杂而又精密的光学仪器，在野外进行作业时，经常要遭受风雨、日晒和灰尘、湿气等不利因素的侵蚀。因此，正确地使用，妥善地保养、维护，对于保证仪器的精度、延长其使用年限具有极其重要的意义。

1. 仪器在室内的保存

（1）存放仪器的房间，应清洁、干燥、明亮且通风良好，室温不宜剧烈变化，最适宜的温度为 $10\sim16℃$，在冬季，仪器不能放在暖气设备附近。室内应有消防设备，但不能用酸碱式灭火器，宜用液体二氧化碳或四氯化碳及新的安全消防器。室内也不要存放具有酸、碱类气味的物品，以防腐蚀仪器。

（2）存放仪器的库房，要严格防潮。库房相对湿度要求在 60% 以下，特别是南方的梅雨季节，更应采取专门的防潮措施。有条件的可装空气调节器，以控制湿度和温度。一般可用氯化钙吸潮，也可用块状石灰（生石灰）吸潮。

对存放在一般室内的常用仪器，必须保持仪器箱内的干燥，可在箱内放 $1\sim2$ 袋防潮剂。这种防潮剂的主要成分是硅胶（偏硅酸钠，$Na_2SiO_3 \cdot nH_2O$），少量钴盐（CoC_{12}），即将钴盐（CoC_{12}）溶于水（按 5% 的浓度）洒在硅胶上加热烘干即可。钴盐主要用作指示剂，因干燥的钴盐呈深蓝色，吸潮后则变为粉红色。变红后的硅胶失去了吸潮能力，必须加热烘烤或烈日曝晒，使水分蒸发复呈紫色甚至深蓝色，才能继续使用。将硅胶装入小布袋内（每袋 $40\sim80g$），放入仪器箱中使用。

（3）仪器应放在木柜内或柜架上，不要直接放在地上。三脚架应平放或竖直放置，不应随便斜靠，以防挠曲变形。存放三脚架时，应先把活动腿缩回并将腿收拢。

2. 仪器的安全运送

仪器受震后会使机械或光学零件松动、移位或损坏，以致造成仪器各轴线的几何关系变化，光学系统成像不清或像差增大，机械部分转动失灵或卡死，轻则使用不便，影响观测精度；重则不能使用甚至报废。测量仪器越精密越要注意防震，在运送仪器的过程中更是如此。

仪器长途搬运时应装入特制的木箱中，箱内垫以刨花、纸卷、泡沫塑料等弹性品，箱外标明"光学仪器，不许倒置，小心轻放，怕潮怕压"等字样。

短途运送仪器时，可以不装运输箱，但要有专人护送。在乘坐汽车或其他交通工具时，仪器要背在身上；路途稍远的，要坐着抱在身上，切忌将仪器直接放在机动车等交通工具上，以防受震。条件不具备的，必须装入运输箱中，并在运送车上放置柔软的垫子或垫上一层厚厚的干草等减震物品，由专人护送。

仪器在运输途中均要注意防止日晒、雨淋，放置的地方要安全、稳妥、干燥、清洁。

3. 其他应注意的事项

（1）仪器遇到气温变化剧烈时，必须采取专门措施。另外，时间一长，引起霉菌繁殖，使光学零件表面长霉起雾，严重影响观测系统的亮度及成像质量，以致报废不能使用。因此，必须采取适当措施。主要措施是对仪器进行保温，同时防潮，不要将仪器放在冰冷而潮湿的小屋内。保温的办法则需视具体条件而定，如有的单位采用大木箱，木箱中间用木条隔开，上部放置仪器，下部装上灯泡，用温度计检查并控制箱内温度，这种方法取得了良好的效果。在北方，冬季室内有取暖设备的一般不存在这个问题，但应注意室内温度不要太高，仪器也不要放在靠近取暖设备的地方。

（2）三脚架的维护决不能忽视，要防止曝晒、雨淋、碰摔。由地下扛出地面后，要将其脏污擦拭干净，放在阴凉通风处晾干，不要放在太阳下晒干。三脚架的伸缩滑动部分要经常擦以白蜡，这样不但可以防止水分渗蚀木质而引起脚架变形，还可以增加滑动部分的光滑度，以利于使用。架头及其他连接部分要经常检查、调整，防止松动。

二、水利工程测量的要求

（一）水利工程测量的基本准则

（1）法律法规。认真学习与执行国家政策与测绘规范。

（2）工作程序。遵守先整体后局部、先控制后碎部、高精度控制低精度的工作程序。

（3）原始依据。严格审核测量原始依据（设计图纸、文件、测量起始点、数据、测量仪器和工具的计量检定等）的正确性，坚持测量作业与计算工作步步校核的工作方法。

（4）测法原则。遵循测法要科学、简捷，精度要合理、相称，仪器选择要适当、使用要精细的工作原则。在满足观测需要的前提下，力争做到省工、省时、省费用。实测时要当场做好原始记录，测量后要及时保护好桩位。

（5）工作作风。紧密配合施工，发扬团结协作、不畏艰难、实事求是、认真负责的工作作风。

（6）总结经验。虚心学习，及时总结经验，努力开拓新局面，以适应水利工程行业不断发展的需求。

（二）水利工程测量的基本要求

1 测量记录的基本要求

测量手簿是外业观测成果的记录和内业数据处理的依据。在测量手簿上记录时，必须严肃认真、一丝不苟，严格遵守下列要求。

（1）记录要求。原始真实、数字正确、内容完整、字体工整。

（2）填写位置。记录要填写在相应表格的规定位置。

（3）测量记录。测量观测数据须用 2H 或 3H 铅笔记入正式表格，记录观测数据之前，应将表头的观测日期、天气、仪器型号、组别、观测者、记录者等观测手簿的内容无一遗漏地填写齐全。

（4）观测者读数后，记录者应随即在观测手簿上的相应栏内填写，并将观测数据复读（回报）一遍，让观测者听清楚，以防出现听错或记错现象。测量数据要当场填写清楚，严禁转抄、誊写，确保记录数据的原始性。数据要符合法定计量单位。

（5）记录时要求字体端正、工整、清晰，将小数点对齐，上下成行，左右成列，数字齐全，不得潦草。字体的大小一般占格宽的 1/3 ~ 1/2，字脚靠近底线，表示精度或占位的"0"均不能省略。记录数字的位数要反映观测精度。如水准读数至 mm，1.45m 记录为 1.450m。角度测量时，"度"最多三位，最少一位，"分"和"秒"各占两位，如读数是 0° 2′ 4″，应记成

$0°\ 02'\ 04''$。

（6）观测数据的尾数不得涂改、更换，读错或记错后，必须重测重记。例如，角度测量时，秒级数字出错，应重测该测站，距离测量时，毫米级数字出错，应重测该段距离。

（7）对于记错或算错的数字，在其上画一直线，将正确的数字写在同格错数的上方。观测数据的前几位若出错，应用细横线画出错误数字，并在原数字上方写出正确的数字。注意不得涂擦已记录的数据。禁止连续更换数字，如水准测量中的黑、红面读数，角度测量中的盘左、盘右，距离测量中的往、返测等，均不能同时更改，否则重测。

（8）严禁连环更改数据。如已修改了算术平均值，则不能再改动计算算术平均值的任何一个原始数据；若已更改了某个观测值，则不能再更改其算术平均值。

（9）记录数据修改后或观测成果废去后，都应在备注栏内写明原因（如测错、记错或超限等），然后重新观测，并重新记录。

（10）记录人员。应及时校对观测数据。根据观测数据或现场实际情况做出判断，及时发现并改正错误。测量数据大多具有保密性，应妥善保管。工作结束，测量数据应立即上交有关部门保存。

2. 测量成果计算的基本要求

（1）基本要求。依据正确、方法科学、严谨有序、步步校核、结果正确。

（2）计算规则。数据运算时，数字进位应根据所取位数，按"四舍五入凑偶"的规则进行凑整。如 1.4244m、1.4236m、1.4235m、1.4245m 这几个数据，若取至毫米位，则均应记为 1.424m。

（3）测量计算时，数字的取位规定：水准测量视距应取位至 1.0m，视距总和取位至 0.01km，高差中数取位至 0.1mm，高差总和取位至 1.0mm；角度测量的秒取位至 1.0"。

（4）观测手簿中，对于有正、负意义的量，记录计算时，一定要带上"+"号或—号，即使是"+"号也不能省略。

（5）简单计算，如平均值、方向值、高差（程）等，应边记录边计算，以便超限时能及时发现问题并立即重测；较为复杂的计算，可在外业测绘完成后及时算出。

（6）成果计算必须仔细认真、保证无误。测量时，严禁任何因超限等原因而更改观测记录数据。

（7）每站观测结束后，必须在现场完成规定的计算和校核，确认无误后方可迁站。

（8）应该保持测量记录的整洁，严禁在记录表上书写无关的内容。

（9）一般需要在规定的表格内进行，严禁抄错数据，需要反复校对。

（三）水利工程测量岗位职责

1. 测量人员应具备的能力

工程施工中的测量人员主要是进行施工放样以及质检过程中的高程控制和定位检测，要做好施工测量工作，测量人员应具备以下能力。

（1）审核图纸。能读懂设计图纸，结合测量放线工作审核图纸，能绘制放线所需大样图或现场平面图。

（2）放线要求。掌握不同工程类型、不同施工方法对测量放线的要求。

（3）仪器使用。了解仪器的构造和原理，并能熟练地使用、检校、维修仪器。

（4）计算校核。能对各种几何形状、数据和点位进行计算与校核。

（5）误差处理。了解施工规范中对测量的允许偏差，从而在测量中提高精度、减少误差。能利用误差理论分析误差产生的原因，并能采取有效措施对观测数据进行处理。

（6）熟悉理论。熟悉测量理论，能对不同的工程采用适合的观测方法和校核方法，按时保质保量地完成测量任务。

（7）应变能力。能针对施工现场出现的不同情况，综合分析和处理有关测量问题，提出切实可行的改进措施。

2.测量组长岗位职责

（1）严格要求。领导测量组严格按照施工技术规范、试验规程、测量规范和设计图纸进行测量。

（2）规范测量。依施工组织设计和施工进度安排，编制项目施工测量计划，并组织全体测量人员努力实现。

（3）施工放样。负责做好施工放样工作，对关键部位的放样必须实行一种方法测量、多种方案复核的观测程序，做好记录报内部监理签认。

（4）控制测量。负责做好控制测量工作，熟悉各主要控制标志的位置，保护好测量标志。

（5）测量交付。负责向施工测量组交付现场测量标志和测量结果，实行现场测量交底签认制度，并对测量组的工作进行检查和指导。

（6）标志复核。经常对测量标志进行检查复核，确保测量标志位置正确，对因测量标志变化造成的损失负主要责任。

（7）资料保管。制定测量仪器专人保管、定期保养等规章制度，建立仪器设备台账，妥善认真保管施工图纸和各种测量资料。

（8）仪器使用。指导测量人员正确使用测量仪器，严禁无关人员和不了解仪器性能的人员动用仪器。

（9）竣工测量。负责做好竣工测量，根据实测和竣工原始记录资料填写工程质量检查评定表格，并绘制竣工图纸，参加施工技术总结工作。

3.测量员岗位职责

（1）工作作风。紧密配合施工，坚持实事求是、认真负责的工作作风。

（2）学习图纸。测量前需了解设计意图，学习和校核图纸；了解施工部署，制订测量放线方案。

（3）实地校测。会同建设单位一起对红线桩测量控制点进行实地校测。测量仪器的核定、校正。

（4）密切配合。与设计、施工等方面密切配合，并事先做好充分的准备工作，制订切实可行的与施工同步的测量放线方案。

（5）放线验线。须在施工的各个阶段和各主要部位做好放线、验线工作，并要在审查测量放线方案和指导检查测量放线工作等方面加强工作，避免返工，验线工作要主动。验线工作要从审核测量放线方案开始，在施工前，对测量放线工作提出预防性要求，真正做到防患于未然。

（6）观测记录。负责垂直观测、沉降观测，并记录整理观测结果。

（7）基线复核。负责及时整理完善基线复核、测量记录等测量资料。

4. 测量监理岗位职责

（1）指导监理全线测量工作，制订测量工作的监理实施细则。

（2）制定和补充各种测量施工监理表格，建立本部门数据资料、信息整理查阅体系。

（3）检查承包人的测量仪器设备及人员，督促承包人按规定检定测量仪器设备。

（4）负责全线交接桩工作，检查复核导线点、水准点，审批承包人测量内外业成果，并按规定频率要求进行复核，认真审核后签字。

（5）复核签字。配合工程部处理有关技术质量问题，做好工程计量及变更，对工程数量进行复核后签字。

（6）监理日志。按时填写监理日志，编写并整理监理月报和监理工作总结中测量部分的内容。

（7）竣工验收。配合工程部参加交工、竣工验收工作。

（四）水利工程测量技术资料的主要内容

1. 原始数据及资料

（1）水利工程测量合同及任务书。

（2）现场平面控制网与水准点成果表及验收单。

（3）设计图纸（建筑总平面图、建筑场地原始地形图）。

（4）设计变更文件及图纸。

（5）施工放线要求及数据。

（6）测区地形、仪器设备资料。

2. 测量数据及资料

（1）红线桩坐标及水准点通知单。

（2）交接桩记录表。

（3）工程位置、主要轴线、高程预检单。

（4）测量原始记录。

（5）地形图、竣工验收资料、竣工图。

（6）沉降变形观测资料。

第二章 测量仪器及其使用

第一节 水准仪及其使用

一、水准仪概述

水准仪是水准测量时用于提供水平视线的仪器,其作用是照准离水准仪一定距离的水准尺并读取尺上的读数,求出高差。我国对水准仪按其精度从高到低分为 DS_{05}、DS_1、DS_3 和 DS_{10} 四个等级,其中"D"为大地测量仪器的总代号,"S"为"水准仪"汉语拼音的第一个字母,下标是指水准仪所能达到的每公里往返测高差中数中误差(mm)。DS_{05}、DS_1 为精密水准仪,主要用于国家一等、二等水准测量和精密工程测量;DS_3、DS_{10} 为普通水准仪,主要用于国家三等、四等水准测量和常规工程建设测量。目前通用的水准仪从构造上可分为两大类:第一类是利用水准管来获得水平视线的水准管水准仪,其主要形式称"微倾式水准仪";第二类是利用补偿器来获得水平视线的"自动安平水准仪"。此外,还有电子水准仪、激光水准仪等。

二、DS_3 水准仪及其构造

(一)DS_3 型微倾式水准仪构造

DS_3 型微倾式水准仪主要由望远镜、水准器和基座三个主要部分组成。仪器通过基座与三脚架连接,基座下三个脚螺旋用于仪器的粗略整平。望远镜一侧装有一个管水准器,当转动微倾,螺旋可使望远镜连同管水准器做俯仰微量的倾斜,从而使视线精确整平。因此,这种水准仪称为微倾式水准仪。仪器在水平方向的转动,由水平制动螺旋和水平微动螺旋控制。

1. 望远镜

望远镜由物镜、调焦透镜、十字丝分划板和目镜组成。物镜由一组透镜组成,相当于一个凸透镜。根据几何光学原理,被观测的目标经过物镜和调焦透镜后,成一个倒立实像于十字丝附近。由于被观测的目标离望远镜的距离不同,可转动对光螺旋,使对光透镜在镜筒内前后移动,使目标的实像能清晰地成像于十字丝分划板平面上,再经过目镜的作用,使倒立

的实像和十字丝同时放大而变成倒立放大的虚像。放大的虚像与眼睛直接看到的目标大小的比值,即为望远镜的放大率。DS$_3$型水准仪的望远镜放大率约为 30 倍。

为了用望远镜精确照准目标进行读数,在物镜筒内光阑处装有十字丝分划板,其类型多样。十字丝中心与物镜光心的连线称为望远镜的视准轴,也就是视线。视准轴是水准仪的主要轴线之一。图中相互正交的两根长丝称为十字丝,其中垂直的一根称为竖丝,水平的一根称为横丝或中丝,横丝的上、下方两根短丝是用于测量距离的,称为视距丝。

2. 水准器

水准器是水准仪的重要组成部分,它用于整平仪器,分为圆水准器和管水准器。圆水准器用一个玻璃圆盒制成,装在金属外壳内,所以也称为圆盒水准器。玻璃的内表面磨成球面,中央刻一个小圆圈或两个同心圆,圆圈中点和球心的连线称为圆水准轴。当气泡位于圆圈中央时,圆水准轴处于铅垂状态。普通水准仪圆水准器分划值一般是 8'/2mm。由于圆水准器的精度较低,所以它主要用于仪器的粗略整平。

管水准器也称符合水准器或水准管。它是用一个内表面磨成圆弧的玻璃管制成,玻璃管内注满酒精和乙醚的混合物,通过加热和冷却等处理后留下一个小气泡,当气泡与圆弧中点对称时,称为气泡居中。水准管圆弧的中心点称为水准器的零点,过零点和圆弧相切的直线,称为水准器的水准轴。水准管的中央部分刻有间距为 2mm 的与零点左右对称的分划线,2mm 分划线所对的圆心角表示水准管的分划值,分划值越小,灵敏度越高,DS$_3$型水准仪的水准管分划值一般为 20"/2mm。目前生产的水准仪都在水准管上方设置一组棱镜,通过内部的折光作用,可以从望远镜旁边的小孔中看到气泡两端的影像,并根据影像的符合情况判断仪器是否处于水平状态,如果两侧的半抛物线重合为一条完整的抛物线,说明气泡居中,否则需要调节,故这种水准器称为符合水准器。

3. 基座

基座由轴座、脚螺旋和连接板组成,基座是仪器与三脚架连接的重要部件。

水准仪上除以上三大件外,还有一套操作螺旋:制动螺旋,其作用是限制望远镜在水平方向的转动;微动螺旋,在望远镜制动后,利用它使望远镜做轻微的转动,以便精确瞄准水准尺;对光螺旋,可以使望远镜内的对光透镜做前后移动,从而看清楚目标;目镜调焦螺旋,通过调节来看清楚十字丝;微倾螺旋,通过调节使管水准器的气泡居中,达到精确整平仪器的目的;三个脚螺旋,用来粗略整平仪器。

(二)水准尺及其读数

水准尺是水准测量时用以读数的重要工具,与 DS$_3$型水准仪配套使用的水准尺常用干燥且良好的木材、玻璃钢或铝合金制成。根据它们的构造,常用的水准尺可分为直尺和塔尺两种,长度为 2~5m。塔尺能伸缩,方便携带,但接合处容易产生误差,直尺比较坚固可靠。水准尺尺面绘有 1cm 或 5mm 黑白相间的分格,米和分米处注有数字,尺底为 0。以前用的水准仪大多为倒像望远镜,为了便于读数,标注的数字常倒写。

一般用于三、四等水准测量和图根水准测量的水准尺是长度整 3m 的双面（黑红面）木质标尺，黑面为黑白相间的分格，红面为红白相间的分格，分格值均为 1cm。尺面上每 5 个分格组合在一起，每分米处注记倒写的阿拉伯数字，读数视场中即呈现正像数字，并由上往下逐渐增大，所以读数时应由上往下读。通常两根尺子组成一对进行水准测量。两直尺的黑面起点读数均为 0mm，红面起点则分别为 4 687mm 和 4 787mm。目前大量使用的自动安平水准仪都是正像水准仪，故标尺每分米处注记正写的阿拉伯数字，读数视场中呈现的也是正像数字，由下往上逐渐增大，读数时应由下往上读。

（三）尺垫及其作用

尺垫是用于转点上的一种工具，用钢板或铸铁制成。使用时把三个尖脚踩入土中，把水准尺立在突出的圆顶上。尺垫可使转点稳固，防止下沉。

三、DS₃ 型水准仪的使用

水准仪的使用有以下几个作业程序：安置、粗平、瞄准、精平和读数。

（一）安置水准仪

首先打开三脚架，安置三脚架要求高度适当、架头大致水平并牢固稳妥，在山坡上应使三脚架的两脚在坡下、一脚在坡上。然后把水准仪用中心连接螺旋连接到三脚架上。取水准仪时必须握住仪器的坚固部位，并确认已牢固地连接在三脚架上之后才可放手。

（二）粗略整平

利用水准仪的三个脚螺旋使圆水准气泡居中。

（三）瞄准标尺

（1）调节目镜。让望远镜对向明亮处，转动目镜调焦螺旋，使十字丝成像清晰。先松开制动螺旋，利用望远镜上面的缺口和准星大致瞄准目标，然后拧紧制动螺旋。

（2）大致瞄准。拧紧制动螺旋。

（3）对光。调节对光螺旋，看清楚目标。

（4）精确瞄准。调节水平微动螺旋，直到标尺移动到十字丝的中间。

（5）消除视差。照准标尺读数时，若对光不准，尺像没有落在十字丝分划板上，这时眼睛上下移动，读数随之变化，这种现象称为视差。这时要旋转调焦螺旋，仔细观察，直到不再出现尺像和十字丝相对移动为止，此时视差消除。

（四）视线的精确整平

目标瞄准后，调节微倾螺旋使管水准器气泡居中即符合气泡的两弧重合，这时视线就处于精确水平状态。需注意的是：由于微倾螺旋旋转时有可能改变望远镜和竖轴的关系，当望远镜由一个方向转变到另一个方向时，水准管气泡不再符合。所以望远镜每次变动方向后，即每次读数前，都必须用微倾螺旋重新使气泡居中。

（五）读数

用十字丝中间的横丝读取水准尺的读数。从尺上可直接读出米、分米和厘米数，并估读出毫米数，所以每个读数必须有四位数。如果某一位数是零，也必须读出并记录，不可省略。

由于望远镜一般都为倒像，所以从望远镜内读数时应由上向下读，即由小数向大数读。为了保证得出正确的水平视线读数，在读数前和读数后都应该检查水准管气泡是否符合。

四、DS₃ 型水准仪的检验与校正

根据水准测量的原理，对水准仪各主要轴线之间的关系提出了一定的要求，只有这样，才能保证测量的正确。虽然仪器在出厂之前，对各轴线之间的几何关系是经过检测的，但由于运输过程的震动和长期使用等因素的影响，其几何关系可能会发生变化，因此在仪器使用之前及使用中有必要进行检验和校正。检验的目的是判断仪器的几何轴线关系是否满足要求，校正则是对不满足条件的轴线进行修正。

（一）水准仪的轴线及各轴线应满足的几何条件

微倾式水准仪的主要轴线之间应满足如下几何条件：

（1）圆水准器轴应平行于仪器的竖轴。

（2）十字丝的横丝应垂直于仪器的竖轴。

（3）水准管轴应平行于视准轴。

（二）水准仪检验、校正的项目与方法

1. 圆水准器轴与竖轴垂直的检验和校正

（1）检验。调节脚螺旋使圆水准器气泡居中，然后将仪器上部旋转180°，若气泡仍居中，则表示圆水准器轴已平行于竖轴，若气泡偏离中心则需进行校正。

（2）校正。拨脚螺旋使气泡向中央方向移动偏离量的一半，然后拨圆水准器的校正螺旋使气泡居中。由于一次拨动不易使圆水准器校正得很完善，所以需重复上述的检验和校正，使仪器上部旋转到任何位置气泡都能居中为止。

2. 十字丝横丝与竖轴垂直的检验和校正

（1）检验。先用横丝的一端照准一固定的目标或在水准尺上读一读数，然后用微动螺旋转动望远镜，用横丝的另一端观测同一目标或读数。

（2）校正。打开十字丝分划板的护罩，可见到3个或4个分划板的固定螺丝。松开这些固定螺丝，用手转动十字丝分划板座，反复试验使横丝的两端都能与目标重合或使横丝两端所得水准尺读数相同，则校正完成。最后旋紧所有固定螺丝。

（三）水准仪检验和校正的注意事项

（1）在校正时必须按照一定的顺序进行，即按圆水准器、十字丝和水准管的顺序校正。

（2）在水准仪的三个几何条件中，第三个条件是主要条件，它对测量超限的影响也是最

大的,因此,应该予以重点校正。

(3)在校正的过程中,这些条件不是通过一次校正就可以满足要求的,因此,应该细致、耐心地多做几次,直到满足条件为止。

五、其他水准仪简介

(一)自动安平水准仪

自动安平水准仪是一种不用水准管而能自动获得水平视线的水准仪。由于水准管水准仪在用微倾螺旋使气泡符合时要花一定的时间,水准管灵敏度越高,整平需要的时间越长。在松软的土地上安置水准仪时,还要随时注意气泡有无变动。而自动安平水准仪在用圆水准器使仪器粗略整平后,经过 1~2s 即可直接读取水平视线读数。当仪器有微小的倾斜变化时,补偿器能随时调整,始终给出正确的水平视线读数。因此,它具有观测速度快、精度高的优点,被广泛应用在各种等级的水准测量中。

自动安平水准仪的使用方法较微倾式水准仪简便。首先也是用脚螺旋使圆水准器气泡居中,完成仪器的粗略整平。然后用望远镜照准水准尺,即可用十字丝横丝读取水准尺读数,所得的就是水平视线读数。由于补偿器有一定的工作范围,所以使用自动安平水准仪时,要防止补偿器贴靠周围的部件而不处于自由悬挂状态。有的仪器在目镜旁有一按钮,它可以直接触动补偿器。读数前可轻按此按钮,以检查补偿器是否处于正常工作状态,也可以消除补偿器轻微的贴靠现象。如果每次触动按钮后,水准尺读数变动后又能恢复原有读数则表示工作正常。如果仪器上没有这种检查按钮则可用脚螺旋使仪器竖轴在视线方向稍作倾斜,若读数不变则表示补偿器工作正常。由于要确保补偿器处于工作范围内,使用自动安平水准仪时应特别注意使圆水准器的气泡居中。

(二)电子水准仪

电子水准仪又称数字水准仪,它是在自动安平水准仪的基础上发展起来的。它采用条码标尺,各厂家标尺编码的条码图案不相同,不能互换使用。

目前,电子水准仪在照准标尺和调焦时仍需目视进行。人工完成照准和调焦之后,标尺条码一方面被成像在望远镜分化板上,供目视观测,另一方面通过望远镜的分光镜,标尺条码又被成像在光电传感器(又称探测器)上,即线阵 CCD 器件上,供电子读数。因此,如果使用传统水准标尺,电子水准仪又可以像普通自动安平水准仪一样使用。不过这时的测量精度低于电子测量的精度。电子水准仪与传统水准仪相比具有以下特点:

(1)读数客观。不存在误读、误记和人为读数误差、出错。

(2)精度高。视线高和视距读数都是采用大量条码分划图像经处理后取平均值得出来的,因此削弱了标尺分划误差的影响。多数仪器都有进行多次读数取平均的功能,可以削弱外界条件的影响。不熟练的作业人员也能进行高精度测量。

(3)速度快。由于省去了报数、记录、现场计算的时间,测量时间与传统仪器相比可以节省 1/3 左右。

（4）效率高。只需调焦和按键就可以自动读数，减轻了劳动强度。视距还能自动记录、检核、处理，并能输入电子计算机进行后处理，可实现内外业一体化。

第二节　经纬仪及其使用

一、经纬仪概述

经纬仪是角度测量的主要仪器，经纬仪的种类较多，测量工作中用于测角的经纬仪主要有光学经纬仪和电子经纬仪两大类。光学经纬仪是采用光学玻璃度盘和光学测微器读数设备，电子经纬仪则采用光电度盘和自动显示系统。

二、DJ6 型光学经纬仪及其构造

DJ6 型光学经纬仪根据控制水平度盘转动方式的不同可分为方向经纬仪和复测经纬仪。一般将光学经纬仪分解为照准部、水平度盘和基座三部分。

（一）DJ6 光学经纬仪构造

1. 照准部

照准部是指水平度盘以上能绕竖轴旋转的部分，包括望远镜、竖直度盘（简称竖盘）、光学对中器、水准管、读数显微镜等，它们都安装在底部带竖轴（内轴）的 U 形支架上。其中望远镜、竖盘和水平轴（横轴）固连一体，组装于支架上。望远镜绕横轴上、下旋转时，竖盘随着转动，并由望远镜制动螺旋和微动螺旋控制。竖盘是一个圆周上刻有度数分划线的光学玻璃圆盘，用于量度垂直角。紧挨竖盘有一个竖盘指标水准管和指标水准管微动螺旋，在观测垂直角时用来保证读数指标的正确位置。望远镜旁有一个读数显微镜，用来读取竖盘和水平度盘读数。望远镜绕竖轴左、右转动时，由水平制动螺旋和水平微动螺旋控制。照准部的光学对中器和水准管用来安置仪器，以使水平度盘中心位于测站铅垂线上，并使度盘平面处于水平位置。

2. 水平度盘

水平度盘是由光学玻璃制成的刻有度数分划线的圆盘，在度盘上按顺时针方向刻有注记 0°　~360°，用以观测水平角。在度盘的外壳有照准部制动螺旋和微动螺旋，用来控制照准部与水平度盘的相对运动。水平度盘有一个空心轴，容纳照准部的内轴；空心轴插入度盘的外轴中，外轴再插入基座的套轴内。在空心轴容纳内轴的插口上有许多细小滚珠，以保证照准部能灵活转动而不致影响水平度盘。水平度盘本身可以根据测角需要，用度盘变换手轮或复测扳手改变读数位置。采用变换手轮的仪器，水平度盘是和照准部分离的，不能随照准部一道转动；采用复测扳手（又称离合器）的仪器，水平度盘与照准部的关系可离可合；将复测扳手朝上扳到位，水平度盘便与照准部离开，照准部转动时水平度盘不动，读数则随照准部转动而变化；将复测扳手朝下扳到位，水平度盘则与照准部扣合，随照准部一道转动，读数保持不变。

3. 基座

基座起支承仪器上部及使仪器与三脚架连接的作用，主要由轴座、脚螺旋和连接板组成。仪器的照准部连同水平度盘一起插入轴座后，用轴座固定螺旋（又称中心锁紧螺旋）固紧；轴座固定螺旋切勿松动，以免仪器上部与基座脱离而摔坏。仪器装到三脚架上时，需将三脚架头上的中心连接螺旋旋入基座连接板使之固紧。采用光学对中器的经纬仪，其连接螺旋是空心的；连接螺旋下端大都具有挂钩或像灯头一样的插口，以备悬挂垂球之用。

基座上有三个脚螺旋，脚螺旋用来整平仪器。但对于采用光学对中器的经纬仪来说，脚螺旋整平作用的范围很小，主要用它将基座平面调整成与三脚架的架头平面大致平行。

（二）测微装置与读数方法

DJ6 型经纬仪水平度盘的直径一般只有 93.4mm，周长 293.4mm；竖盘更小。度盘分值（相邻两分划线间所对应的圆心角）一般只刻至 1° 或 30'，但测角精度要求达到 6″，于是必须借助光学测微装置。

（三）测钎、标杆和觇板

测量角度的照准标志，一般是在地面的目标点上竖立测钎、标杆或觇板，测钎一般用 8 号铅丝或竖的钢筋制成，长 30 ~ 40cm，一端磨尖便于插入土中准确定位，另一端卷成圆环，便于串在一起携带。标杆用木或竹竿制成，直径 0.5 ~ 2.0cm。长 1m 多，间隔 10cm 涂以红、白相间的油漆。

三、DJ6 光学经纬仪的使用

光学经纬仪的使用包括仪器安置、瞄准和读数三项。

（一）经纬仪的安置

把光学经纬仪安放在三脚架上。具体操作如下：先松开三脚架腿固紧螺旋，按观测者身高调整架腿长度，再将螺旋拧紧，把三脚架张开，目估使三脚架高度适中，架头大致水平；连接螺旋放在架头中心位置挂上垂球，平移三脚架，使垂球尖端大致对准测站点标志中心，再将三脚架的脚尖踩入土中，注意架头仍应基本保持水平（可升降架腿）。将经纬仪从仪器箱中取出（记住仪器安放的位置），一手握住支架，另一手托住基座连接板，用中心连接螺旋将经纬仪固紧在三脚架上即可进行安置工作中的两项主要工作：对中和整平。

1. 对中

对中的目的是使仪器的中心（竖轴）与测站点中心（角的顶点）位于同一铅垂线上，这是测量水平角的基本要求。

使用光学对中器对中时,应与整平仪器结合进行。光学对中的步骤如下:

(1)张开三脚架,目估对中且使三脚架架头大致水平,架高适中。

(2)将经纬仪固定在脚架上,调整对中器目镜焦距,使对中器的圆圈标志和测站点影像清晰。

(3)转动仪器脚螺旋,使测站点影像位于圆圈中心。

(4)伸缩脚架腿,使圆水准器气泡居中。然后旋转脚螺旋,通过管水准整平仪器。

(5)察看对中情况,若偏离不大,可以通过平移仪器使圆圈套住测站点位,精确对中。若偏离太远,应重新整置三脚架,直到达到对中的要求为止。

2.整平

整平的目的是使经纬仪的水平度盘位于水平位置或使仪器的竖轴垂直。

整平分两步进行。首先用脚螺旋使圆水准气泡居中,即概略整平。其主要是通过伸缩脚架腿长短,使圆水准气泡居中,其规律是圆水准气泡向伸高脚架腿的一侧移动,注意脚架尖不能移动。精确整平是通过旋转脚螺旋使照准部管水准器在相互垂直的两个方向上气泡都居中。精确整平的步骤如下:

(1)旋转仪器使照准部水准管与任意两个脚螺旋的连线平行,用两手同时相对或相反方向转动这两个脚螺旋,使气泡居中(气泡运动方向与左手大拇指的转动方向一致)。

(2)然后将仪器旋转90°,使水准管与前两个脚螺旋连线垂直,转动第三个脚螺旋,使气泡居中。如果水准管位置正确,如此反复进行数次即可达到精确整平的目的,即水准管器转到任何方向,水准气泡都居中,或偏离不超过1格。

(二)瞄准

操作方法:松开照准部和望远镜的制动螺旋,对准一背景明亮的位置,调节望远镜目镜使十字丝清晰;利用望远镜上的准星或粗瞄器粗略照准目标并拧紧水平制动螺旋;调节物镜调焦螺旋使目标清晰并消除视差;利用水平微动螺旋和望远镜微动螺旋精确照准目标。读出水平角或竖直角数值。

照准时应注意:水平角观测时要用竖丝尽量照准目标底部,以减少照准偏差的影响。目标离仪器较近时,成像较大,可用单丝平分目标;目标离仪器较远时,可用双丝夹住目标或用单丝和目标重合。竖直角观测时应用横丝中丝照准目标顶部或某一预定部位。另外还应注意,无论测水平角还是竖角,其照准目标的部位均应接近十字丝的中心。

(三)读数

打开反光镜,并调整其位置,使进光明亮均匀,然后进行读数显微镜调焦,使读数窗内读数清晰。

对于分微尺读数装置的仪器可以直接读数。对于单平板玻璃测微器的仪器,则必须旋转测微手轮,使度盘上的某分划线位于双指标中间后才能读数。

竖直角读数前,首先要看仪器是采用指标自动补偿器,还是采用指标水准器。如果采用指标水准器,读数前则必须转动竖盘指标水准器微动螺旋使竖盘指标水准气泡居中。

在水平角观测或工程施工放样中,常常需要使某一方向的读数为零或某一预定值。照准某一方向时,使度盘读数为某一预定值的工作称为置数。测微尺读数装置的经纬仪多采用度盘变换手轮,其置数方法可归纳为"先照准后置数",即先精确照准目标,并旋紧水平制动螺旋和望远镜制动螺旋,然后打开度盘变换手轮保险装置,转动度盘变换手轮,使度盘读数为预定值,并关上度盘变换手轮保险装置。

第三节　全站仪及其使用

一、全站仪概述

全站仪(全站型电子测速仪)是一种集光、机、电为一体的高技术测量仪器,是集水平角、垂直角、距离(斜距、平距)、高差测量功能于一体的测绘仪器系统。因其一次安置仪器就可完成该站点上全部测量工作,所以称为全站仪。全站仪具有角度测量、距离(斜距、平距、高差)测量、三维坐标测量、导线测量、交汇定点测量和放样测量等多种用途,广泛用于地上大型建筑和地下隧道施工等精密工程测量或变形监测领域。其具有如下特点:

(1)测量的距离长、时间短、精度高。

(2)能同时测角、测距并自动记录测量数据。

(3)设有各种野外程序,能在测量现场得到归算结果。

目前,世界上精度最高的全站仪:测角精度(一测回方向标准偏差)0.5″,测距精度1mm+1ppm。利用目标自动识别(ATR)功能,白天和黑夜(无须照明)都可以工作。全站仪已经达到令人不可置信的角度和距离测量精度,既可人工操作,也可自动操作;既可远距离遥控运行,也可在机载应用程序下使用,可应用在精密工程测量、变形监测、几乎是无容许限差的机械引导控制领域。

全站仪的分类很多,主要有以下几种:

(1)按结构形式分。20世纪80年代末、90年代初,人们根据电子测角系统和电子测距系统的发展不平衡,将全站仪分为两大类,即组合式和整体式。组合式也称积木式,是指电子经纬仪和测距仪既可以分离也可以组合,用户可以根据实际工作的要求,选择测角、测距设备进行组合;整体式也称集成式,是指将电子经纬仪和测距仪做成一个整体,无法分离。20世纪90年代以来,整体式全站仪成为主导。

(2)按数据储存方式分,全站仪有内存型和电脑型两种。内存型的功能扩充只能通过软件升级来完成;电脑型的功能可以通过二次开发来实现。

(3)按测程来分,全站仪有短程、中程和远程三种。测程小于3km的为短程,测程在

3～15km 之间的为中程，测程大于 15km 的为远程。

（4）按测距精度分，全站仪有Ⅰ级（5mm）、Ⅱ级（5～10mm）和Ⅲ级（＞10mm）。

（5）按测角精度分，全站仪有 0.5"、1"、2"、5"、10" 等多个等级。

（6）按载波分，全站仪有微波测距仪和光学测距仪两种。采用微波段的电磁波作为载波的称为测距仪，采用光波作为载波的称为光电测距仪。

二、全站仪的构造

（一）全站仪基本构造

1. 全站仪的组成

全站仪由测角、测距、计算和数据存储系统组成，其主要由以下五部分组成：

（1）电子测角系统。全站仪的电子测角系统采用了光电扫描测角系统，其类型主要有编码盘测角系统及动态（光栅盘）测角系统两种。

（2）四大光电系统。全站仪上半部分包含有测量的四大光电系统，即水平角测量系统、竖直角测量系统、水平补偿系统和测距系统。通过键盘可以输入操作指令、数据并设置参数。以上各系统通过 I/O 接口接入总线与微处理机联系起来。

（3）数据采集系统。全站仪主要由为采集数据而设计的专用设备（主要由电子测角系统、电子测距系统、数据储存系统、自动补偿设备等）和过程控制机（主要用于有序地实现上述每一专用设备的功能）组成。过程控制机包括与测量数据相连接的外围设备及进行计算、产生指令的微处理机。只有上面两大部分有机结合，才能真正体现"全站"功能，既要自动完成数据采集，又要自动处理数据和控制整个处理过程。

（4）微处理机（CPU）。CPU 是全站仪的核心部件，主要由寄存器系列（缓冲寄存器、数据寄存器、指令寄存器）、运算器和控制器组成。微处理机的主要功能是根据键盘指令启动仪器进行测量工作，执行测量过程中的检核和数据传输、处理、显示、储存等工作，保证整个光电测量工作有条不紊地进行。输入输出设备是与外部设备连接的装置（接口），输入输出设备使全站仪能与磁卡和微机等设备交互通信、传输数据。

（5）照准部和基座。照准部是指水平度盘以上能绕竖轴旋转的部分，包括望远镜、竖直度盘（简称竖盘）、光学对中器、水准管等。为了精确照准目标，还设置了水平制动、垂直制动、水平微动、垂直微动螺旋。基座起支承仪器上部以及使仪器与三脚架连接的作用，主要由轴座、脚螺旋和连接板组成。仪器的照准部插入轴座后，用轴座固定螺旋（又称中心锁紧螺旋）固紧；轴座固定螺旋切勿松动，以免仪器上部与基座脱离而摔坏。

2. 全站仪的构造特点

同电子经纬仪、光学经纬仪相比，全站仪增加了许多特殊部件，使得全站仪具有比其他测角、测距仪器更多的功能，使用也更方便。其构造具有以下特点：

（1）同轴望远镜。全站仪的望远镜实现了视准轴、测距光波的反射、接收光轴同轴化。

同轴性使望远镜一次瞄准即可实现同时测定水平角、垂直角和斜距等全部要素的测定功能。加之全站仪强大、便捷的数据处理功能,使全站仪使用极其方便。

(2)双轴自动补偿。全站仪特有的双轴(或单轴)倾斜自动补偿系统,可对纵轴的倾斜进行监测,并在度盘读数中对因纵轴倾斜造成的测角误差自动加以改正;也可将由竖轴倾斜引起的角度误差,由微处理机自动按竖轴倾斜改成计算式计算,并加入度盘读数中加以改正,使度盘显示读数为正确值,即所谓纵轴倾斜自动补偿。

(3)键盘。键盘是全站仪在测量时输入操作指令或数据的硬件,全站仪的竖盘和显示屏均为双面式,便于正镜、倒镜作业时操作。

(4)存储器。存储器的作用是将实时采集的测量数据存储起来,再根据需要传送到其他设备(如计算机等)中,供进一步的处理或使用,全站仪的存储器有内存储器和存储卡两种。

全站仪内存储器相当于计算机的内存(RAM),存储卡是一种外存储媒体,又称 PC 卡,作用相当于计算机的硬盘。

(二)反射棱镜

全站仪在进行距离测量等作业时,需在目标处放置反射棱镜。反射棱镜有单棱镜组、三棱镜组,可通过基座连接器将棱镜组与基座连接,再安置到三脚架上,也可直接安置在对中杆上。棱镜组由用户根据作业需要自行配置。

(三)数据通信

全站仪通信是指全站仪和计算机之间的数据交换。目前,全站仪与计算机的通信主要有两种方式:一种是利用全站仪原配置的 PCMCIA 卡;另一种是利用全站仪的输出接口,通过电缆传输数据。

(1)PCMCIA 卡,简称 PC 卡,PC 机内存卡为国际联合会(PCMCIA)确定的标准计算机设备的一种配件,目的在于提高不同计算机机型以及其他电子产品之间的互换性,目前已成为便捷式计算机的扩充标准。

在设有 PC 卡接口的全站仪上,只要插入 PC 卡,全站仪测量的数据将按规定格式记录到 PC 卡上,与之直接通信。

(2)电缆传输。通信的另一种方式是全站仪将测量或处理的数据,通过电缆直接传输到电子手簿和电子平板系统。由于全站仪每次传输的数据量不大,所以几乎所有的全站仪都采用串行通信方式。串行通信方式是数据依次一位一位地传递,每一位数据占用一个固定的时间长度,只需一条线传输。

三、全站仪的使用

(一)安置仪器

全站仪的安置与经纬仪相同。测量之前请再次检查确认仪器已精确整平、电池已充足电、垂直度盘指标已设置好,仪器参数已按观测条件设置好。完成了测量前的准备工作后,便可进行测量模式下的测量工作。

（二）水平角测量

测量方法与经纬仪基本相同。仪器操作步骤如下:

1. 按角度测量键,使全站仪处于角度测量模式,照准第一个目标。

2. 设置 A 方向的水平度盘读数为 0°00′00″。

3. 照准第二个目标 B,此时显示的水平度盘读数即为两方向键的水平夹角。

（三）距离测量

进行距离测量之前让仪器正确地安置在测站点上,电池已充足电,度盘指标已设置好,仪器参数已按观测条件设置好,测距模式已正确设置,已准确照准棱镜中心,返回信号强度适宜测量。根据要求可以测量斜距、平距、高差等。仪器操作步骤如下:

1. 设置棱镜常数。测距前需将棱镜常数输入仪器,仪器会自动对所测距离进行改正。

2. 设置大气改正值、气压值。光在大气中的传播速度会随大气的温度和气压而变化,15℃和1标准大气压(atm)是仪器设置的一个标准值,此时的大气改正值为0ppm。实测时,可输入温度和气压值,全站仪会自动计算大气改正值(也可直接输入大气改正值)并对测距结果进行自动改正。

3. 量仪器高、棱镜高并输入仪器。

4. 距离测量。照准目标棱镜中心,按测距键,距离测量开始,测距完成时显示斜距、平距、高差。全站仪的测距模式分为精测模式、跟踪模式、粗测模式三种。精测模式是最常用的测距模式,测量时间约2.5s,最小显示单位1mm;跟踪模式常用于跟踪移动目标或放样时连续测距,最小显示一般为1cm,每次测距时间为0.3s;粗测模式测量时间为0.7s,最小显示单位1cm或1mm,可按测距模式(MODE)键选择不同的测距模式。

注意:有些型号的全站仪不能设定仪器高和棱镜高,显示的高差值是全站仪横轴中心与棱镜中心的高差。

（四）坐标测量

测量被测点的三维坐标。进行坐标测量之前请检查仪器已正确地安置在测站点上,电池已充足电,度盘指标已设置好,仪器参数已按观测条件设置好,大气改正数、棱镜常数改正数和测距模式已正确设置,已准确照准棱镜中心,返回信号强度适宜测量。

在预先输入仪器高和目标高后,根据测站点的坐标,设置后视点方位角,便可直接测定目标点的三维坐标。仪器操作步骤如下:

1. 设定测站点的三维坐标。

2. 设定后视点的坐标或设定后视方向的水平度盘读数为其方位角。后视方位角可通过输入测站点和后视点坐标后,照准后视点进行设置。当设定后视点的坐标时,全站仪会自动计算后视方向的方位角,并设定后视方向的水平度盘读数为其方位角。

（3）设置棱镜常数。

（4）设置大气改正值或气温、气压值。

（5）量仪器高、棱镜高并输入仪器。

（6）照准目标棱镜，按坐标测量键，全站仪开始测距并计算显示测点的三维坐标。

第四节 GNSS-RTK 及其使用

一、GNSS-RTK 概述

（一）大地测量的发展概况

大地测量的发展可以追溯到两千多年以前，从人们确认地球是个圆球并实测它的大小开始。大地测量大体可分为古代大地测量、经典（或传统）大地测量和现代大地测量三个阶段。

1. 古代大地测量

远在公元前 4 000 多年的古埃及，尼罗河泛滥后，农田边界的整理过程中，就产生了较早的测量技术。古埃及人通过天文观测，确定一年为 365 天，这是古埃及在古王国时期（公元前 3 000 年）通用的历法，他们通过观测北极星来确定方向。

中国是一个文明古国，测绘技术也发展得相当早，相传公元前 2 000 多年夏代的《九鼎》就是原始地图。公元前 5 世纪至前 3 世纪，我国就已利用磁石制成最早的指南工具"司南"，中国最古的天文算法著作《周髀算经》发表于公元前 1 世纪，书中阐述了利用直角三角形的性质，测量和计算高度、距离等方法。公元 400 年左右，中国发明了计里鼓车，这是用齿轮等机械原理做的测量和确定方位的工具，每走一里，车上木偶击鼓一下，走十里打镯一次，车上的指南针则记录着车子行走的方向。

2. 经典大地测量

经典大地测量阶段可以从 18 世纪中期牛顿、克莱劳确立地球为扁球的理论并从几何和物理两方面来测定地球的大小时算起，到 20 世纪中期莫洛琴斯基发展斯托克司理论，形成现代地球形状理论基础为止，差不多 200 年时间。经典大地测量阶段的主要任务是为大规模测绘地图服务。为了提高点位测量的精度和速度，许多科学家在测量仪器、测量方法、椭球计算和数据处理方面做了大量研究工作，并取得了丰硕成果。

重力测量就是根据不同的目的和要求使用重力仪测定地面点重力加速度的技术和方法。可分为相对重力测量和绝对重力测量，或按用途分为大地重力测量和物理重力测量。

3. 现代大地测量

现代大地测量阶段从 20 世纪中期开始，是在电子技术和空间技术迅猛发展的推动下形成的。电磁波测距、全站仪、电子水准仪、计算机改变了经典测量中的低精度、低效率状况。测量成果精度提高到 10^{-6} 量级以上,并缩短了作业周期,而且使过去无法实现的严密理论计算得以实行;特别是以人造地球卫星为代表的空间科学技术的发展,使测量方式产生了革命性的改变,彻底打破了经典大地测量在点位、精度、时间、应用方面的局限性,不必再受地面条件的种种限制;使建立全球地心大地测量坐标系有了可能;使研究重力场特别是外部重力场几何图形能够迅速实现;空间技术的发展使大地测量的功能更为强大,大地测量的精度和效率已能配合其他学科用于空间、海洋,以及测定地球的各种动力学变化。人造地球卫星技术快速发展,使其在空间科学、气象、遥感、通信、导航、地球科学、地球动力学、天文学、大地测量、资源勘查、灾情预报、环境监测以及军事科学诸领域中得到了广泛应用。

现代大地测量以 GPS 系统为主要标志,GPS 全球卫星定位导航系统是美国从 20 世纪 70 年代开始研制,历时 20 年,耗资 200 亿美元,于 1994 年全面建成,是全方位实时三维导航与定位的新一代卫星导航与定位系统。GPS 以全天候、高精度、自动化、高效益等显著特点,赢得广大测绘工作者的信赖,并成功地应用于大地测量、工程测量、航空摄影测量、运载工具导航和管理、地壳运动监测、工程变形监测、资源勘察、地球动力学等各种学科,给测绘领域带来一场深刻的技术革命。随着全球定位系统的不断改进,硬件、软件的不断完善,应用领域正在不断地开拓,目前已遍及国民经济各部门并开始逐步深入人们的日常生活。概括地说,经典大地测量是以刚体地球为研究对象,是静态的、局部的、相对的测量;而现代大地测量则是以可变地球为对象,是动态的、全球的、绝对的测量。

相对于经典的测量技术来说,这一新技术的主要特点如下:

(1)观测站之间无须通视。既要保持良好的通视条件,又要保障测量控制网的良好结构,这一直是经典测量技术在实践方面的困难问题之一。GNSS 测量不要求观测站之间相互通视,因而不再需要建造觇标。这一优点既可大大减少测量工作的经费和时间(一般造标费用占总经费的 30% ~ 50%),同时也使点位的选择变得甚为灵活。

不过也应指出,GNSS 测量虽不要求观测站之间相互通视,但必须保持观测站的上空开阔(净空),以使接收 GNSS 卫星的信号不受干扰。

(2)定位精度高。现已完成的大量实验表明,目前在小于 50km 的基线上,其相对定位精度可达到 $(1~2) \times 10^{-6}$,而在 100 ~ 500km 的基线上可达到 $10^{-6} \sim 10^{-7}$。随着光测技术与数据处理方法的改善,可望在 1 000km 的距离上相对定位精度达到或优于 10^{-8}。

(3)观测时间短。目前,利用经典的静态定位方法完成一条基线的相对定位所需要的观测时间,根据要求的精度不同,一般为 1~3h。为了进一步缩短观测时间,提高作业速度,近年来发展的短基线(如不超过 20km)快速相对定位法,其观测时间仅需数分钟。

(4)提供三维坐标。GNSS 测量在精确测定观测站平面位置的同时,可以精确测定观测站的大地高程。GNSS 测量的这一特点,不仅为研究大地水准面的形状和确定地面点的高程开辟了新途径,同时也为其在航空物探、航空摄影测量及精密导航中的应用提供了重要的高程数据。

（5）操作简便。GNSS 测量的自动化程度很高，在观测中的测量员的主要任务是安装并开关仪器、量取仪器高、监控仪器的工作状态和采集环境的气象数据，而其他观测工作，如卫星的捕获、跟踪观测和记录等均由仪器自动完成。另外，GNSS 用户接收机一般重量较轻、体积较小，携带和搬运都很方便。

（6）全天候作业。GNSS 观测工作，可以在任何地点、任何时间连续进行，一般也不受天气状况的影响。

所以，GNSS 定位技术的发展，对于经典的测量技术是一次重大突破。一方面，它使经典的测量理论与方法产生了深刻的变革；另一方面，也进一步加强了测量学与其他学科之间的相互渗透，促进了测绘科学技术的发展。

（二）GNSS 定位系统简介

GNSS 是全球导航卫星系统（Global Navigation Satellite System）的缩写，它是所有在轨工作的全球导航卫星定位系统的总称。

GNSS 的整个系统由空间部分、地面控制部分、用户设备部分三大部分组成。下面以 GPS 定位系统为例介绍其组成和功能。

1. 空间部分

GPS 的空间部分是由 24 颗 GPS 工作卫星所组成，这些 GPS 工作卫星共同组成了 GPS 卫星星座，其中 21 颗为可用于导航的卫星，3 颗为活动的备用卫星。这 24 颗卫星分布在 6 个倾角为 55°的轨道上绕地球运行。卫星的运行周期约为 11h58min（12 恒星时）。每颗 GPS 工作卫星都发出用于导航定位的信号，GPS 用户正是利用这些信号来进行工作的。

2. 地面控制部分

GPS 的地面控制部分由分布在全球的由若干个跟踪站所组成的监控系统构成。根据其作用的不同，这些跟踪站又分为主控站、监控站和注入站。

3. 用户设备部分

GPS 的用户设备部分由 GPS 信号接收机、数据处理软件及相应的用户设备（如计算机气象仪器等）所组成。GPS 信号接收机的任务是：能够捕获到按一定卫星高度截止角所选择的待测卫星的信号，并跟踪这些卫星的运行，对所接收到的 GPS 信号进行变换、放大和处理，以便测量出 GPS 信号从卫星到接收机天线的传播时间，解译出 GPS 卫星所发送的导航电文，实时地计算出测站的三维位置，甚至三维速度和时间。以上这三个部分共同组成了一个完整的 GPS 系统。

静态定位中，GPS 接收机在捕获和跟踪 GPS 卫星的过程中固定不变，接收机高精度地测量 GPS 信号的传播时间，利用 GPS 卫星在轨的已知位置，解算出接收机天线所在位置的三维坐标。而动态定位则是用 GPS 接收机测定一个运动物体的运行轨迹。GPS 信号接收机的运动物体叫作载体（如航行中的船舰、空中的飞机、行走的车辆等）。载体上的 GPS 接收机天线在跟踪 GPS 卫星的过程中相对地球而运动，接收机用 GPS 信号实时地测得运动载体的状态参数(瞬间三维位置和三维速度)。

接收机硬件和机内软件以及 GPS 数据的后处理软件包,构成完整的 GPS 用户设备。GPS 接收机的结构分为天线单元和接收单元两大部分。对于测地型接收机来说,两个单元一般分成两个独立的部件,观测时将天线单元安置在测站上,接收单元置于测站附近的适当地方,用电缆线将两者连成一个整机。也有的将天线单元和接收单元制作成一个整体,观测时将其安置在测站点上。

GPS 接收机一般用蓄电池做电源。同时采用机内机外两种直流电源。机内安装电池的目的在于更换外电池时不中断连续观测。在用机外电池的过程中,机内电池自动充电。关机后,机内电池为 RAM 存储器供电,以防止丢失数据。

目前,各种类型的 GPS 接收机体积越来越小,重量越来越轻,便于野外观测。GPS 和GLONASS 北斗兼容并预留伽利略信号通道的进口和国产 GNSS 接收机已被广泛应用。

(三)GNSS-RTK 测量技术简介

RTK 是 Real Time Kinematic 的缩写,即实时动态测量,它属于 GNSS 动态测量的范畴。RTK 是一种差分 GNSS 测量技术,即实时载波相位差分技术,就是基于载波相位观测值的实时动态定位技术,它通过载波相位原理进行测量,通过差分技术消除减弱基准站和移动站间的共有误差,有效提高了 GNSS 测量结果的精度,同时将测量结果实时显示给用户,极大地提高了测量工作的效率。RTK 技术是 GNSS 测量技术发展中的一个新突破,它突破了静态、快速静态、准动态和动态相对定位模式事后处理观测数据的方式,通过与数据传输系统相结合,实时显示移动站定位结果,自 20 世纪 90 年代初问世以来,备受测绘工作者的推崇,在数字地形测量、工程施工放样、地籍测量以及变形测量等领域得到推广应用。

RTK 定位的基本原理是:在基准站上安置一台 GNSS 接收机,另一台或几台接收机置于载体(称为移动站)上,基准站和移动站同时接收同一组 GNSS 卫星发射的信号。基准站所获得的观测值与已知位置信息进行比较,得到 GNSS 差分改正值,将这个改正值及时通过无线电数据链电台传递给移动站接收机;移动站接收机通过无线电接收基准站发射的信息,将载波相位观测值实时进行差分处理,得到基准站和移动站坐标差。

根据差分信号传播方式的不同,RTK 分为电台模式和网络模式两种。网络 RTK 技术就是利用地面布设的一个或多个基准站组成 GNSS 连续运行参考站(CORS),综合利用各个基站的观测信息,通过建立精确的误差修正模型,通过实时发送 RTCM 差分改正数修正用户的观测值精度,在更大范围内实现移动用户的高精度导航定位服务。网络 RTK 技术集Internet 技术、无线通信技术、计算机网络管理技术和 GNSS 定位技术于一体,其理论研究与系统开发均是 GNSS 技术在科研和应用领域最热门的前沿。

二、GNSS-RTK 及其构造

（一）"银河1"测量仪器组成

银河 1RTK 测量仪器是南方公司 2015 年推出的新一代 RTK 小型化产品——全功能 MINI 款 RTK（简称"银河1"），其极致小巧的紧凑型设计，引领小型化时代新潮流。采用多星座多频段接收技术，全面支持所有现行的和规划中的 GNSS 卫星信号，特别支持北斗三频 B1、B2、B3，支持单北斗系统定位。全面支持主流的电台通信协议，实现与进口产品的互联互通。全新的网络程序架构，支持多种网络制式，无缝兼容 CORS 系统。

（二）"银河1"测量仪器系统

常规 RTK 测量系统构成较为简单，作业时可以采用一台基准站加一台移动站的形式，也可以采用一台基准站加多台移动站的形式。常规 RTK 测量系统包括基准站、移动站和数据链三部分。基准站通过数据链将其观测值和测站坐标信息一起传送给移动站。移动站不仅通过数据链接收来自基准站的数据，还要采集 GNSS 观测数据，并在系统内组成差分观测值进行实时处理。移动站可处于静止状态，也可处于运动状态。

1. 基准站

基准站（Base Station）又称参考站（Reference Station）。在一定的观测时间内，一台或几台接收机分别固定安置在一个或几个测站上，一直保持跟踪观测卫星，其余接收机在这些固定测站的一定范围内流动作业，这些固定测站称为基准站。

2. 移动站

移动站（Roving Station）是指在基准站周围的一定范围内流动作业，实时提供所经各测站三维坐标的接收机。移动站包括以下几个部分：

（1）移动站 GNSS 接收机。移动站 GNSS 接收机能够观测伪距和载波相位观测值；通过串口接收基准站的坐标、伪距、载波相位观测值；能够差分处理基准站和移动站的载波相位观测值。

（2）移动站电台及接收天线。移动站电台及接收天线能够接收基准站观测的伪距和载波相位观测值、基准站坐标。

（3）电子手簿（手持计算机控制或数据采集器）。建立文件，建立坐标系统，输入坐标，设计工程参数，设置或调整接收机、电台的有关参数，设置测量模式的有关参数，察看卫星信息、接收机文件、内存、电量等。

3. 数据链

RTK 系统中基准站和移动站的 GNSS 接收机通过数据链进行通信联系，因此基准站与移动站系统都包括数据链。

GNSS-RTK 作业能否顺利进行，关键因素是无线电数据链的稳定性和作用距离是否满足要求,它与无线电数据链电台本身的性能、发射天线类型、基准站的选址、设备架设情况以及无线电电磁环境等有关。

三、GNSS-RTK 的使用

(一)GNSS-RTK 系统安置

1.基准站架设

基准站一定要架设在视野比较开阔、周围环境比较空旷、地势比较高的地方;避免架在高压输变电设备附近、无线电通信设备收发天线旁边、树下及水边,这些地方都会对 GPS 信号的接收以及无线电信号的发射产生不同程度的影响。基准站接收机天线可安在已知坐标值点上,也可安置在未知点上,视情况而定,两种情况下都必须有一个实地标志点。基准站上仪器架设在已知点上要严格对中、整平。严格量取基准站接收机天线高,量取两次以上,符合限差要求后,记录均值。其安置步骤如下:

(1)将接收机设置为基准站外置模式。

(2)架好三脚架,放电台天线的三脚架最好放到高一些的位置,两个三脚架之间保持至少 3m 的距离。

(3)固定好机座和基准站接收机(如果架在已知点上,要做严格的对中、整平),打开基准站接收机。

(4)安装好电台发射天线,把电台挂在三脚架上,将蓄电池放在电台的下方。

(5)用多用途电缆线连接好电台、主机和蓄电池。多用途电缆是一条"Y"形的连接线,具有供电、数据传输的作用,用来连接基准站主机(五针红色插口)、发射电台(黑色插口)和外挂蓄电池(红黑色夹子)。在使用"Y"形多用途电缆连接主机的时候注意查看五针红色插口上标有红色小点,在插入主机的时候,将红色小点对准主机接口处的红色标记即可轻松插入。连接电台一端的时候按同样方法操作。

2.移动站安置

基准站安置好后,即可开始移动站的架设。步骤如下:

(1)将接收机设置为移动站电台模式。

(2)打开移动站主机,将其固定在碳纤对中杆上面,拧上 UHF 差分天线。该杆可精确地在测点上对中、整平。

(3)安装好手簿托架和手簿。

(4)量测和记录 GNSS 接收机天线高,天线高也可固定,一般为 2m。

当基准站和移动站接收机按照上面的步骤安装完毕后,对连接部分进行检查,看是否连接可靠,确保完整无误。

（二）RTK 系统启动

1. 基准站启动

打开基准站接收机，主机上有一个操作按钮（电源键），轻按电源键打开主机，主机开始自动初始化和搜索卫星。第一次启动基准站时，需要对启动参数进行设置，设置步骤如下：

（1）使用手簿上的工程之星连接基准站。

（2）对基站参数进行设置。一般的基站参数设置只需设置差分格式，其他使用默认参数。设置完成后点击右边的回基站就设置完成了。

（3）保存好设置参数后，点击"启动基站"（一般来说基站都是任意架设的，发射坐标是不需要自己输入的），至出现"基站启动成功"即可。第一次启动基站成功后，以后作业时如果不改变配置，直接打开基准站主机即可自动启动。

（4）设置电台通道。在外挂电台的面板上对电台通道进行设置。设置电台通道，共有 8 个频道可供选择。设置电台功率，作业距离不够远、干扰低时，选择低功率发射即可。电台成功发射了，其 TX 指示灯会按发射间隔闪烁。

南方 RTK 基准站都具备自动发射和手动发射两种启动方式，通常使用基准站自动发射方式，这样可以灵活安排基准站和移动站之间的工作，比如在施工时基准站和移动站分开同时进行，这种方式可以大大缩短架设基准站的时间，特别是在基准站和移动站距离远、交通不便的情况下使用更为方便。

2. 移动站启动

移动站架设好后需要对移动站进行设置才能达到固定解状态，步骤如下：

（1）轻按电源键打开主机，主机开始自动初始化和搜索卫星，当达到一定的条件后，主机上的指示灯开始闪烁（必须在基准站正常发射差分信号的前提下），表明已经收到基准站差分信号。

（2）连接手簿及工程之星。

（3）移动站设置。配置→仪器设置→移动站设置（主机必须是移动站模式）。

（4）对移动站参数进行设置，一般只需要进行差分数据格式的设置，选择与基准站一致的差分数据格式即可，确定后回到主界面。

（5）通道设置。配置→仪器设置→电台通道设置，将电台通道切换为与基准站电台一致的通道号。

四、RTK 测量应用范围

（一）控制测量

传统的大地测量、工程控制测量采用三角网、导线网方法来施测，不仅费工、费时，要求点间通视，而且精度分布不均匀，且在测量外业时并不知道测量结果的精度如何。采用常规的 GNSS 静态测量、快速静态、准动态方法，在外业测量时不能实时确定定位精度，如果测量完成后,内业处理时发现精度不合要求,还必须返测;采用 RTK 来进行控制测量,能够实时获得定位精度,如果点位精度要求满足,用户即可停止观测,而且知道观测质量如何,这样可以大大提高作业效率。如果将 RTK 用于公路控制测量、线路控制测量、水利工程控制测量、地籍控制测量等方面,不仅可以大大减少人力强度,节省费用,而且可以大大提高工作效率,测一个控制点几分钟甚至几秒钟就可完成。

采用 RTK 进行控制点平面坐标测量时,移动站采集卫星观测数据,并通过数据链接收来自基准站的数据,在系统内组成差分观测值进行实时处理,通过坐标转换方法将观测得到的地心坐标转换为指定坐标系中的平面坐标。在获取测区坐标系统转换参数时,可以直接利用已知的参数。在没有已知转换参数时,可以自己求解。地心坐标系(2000 国家大地坐标系)与参心坐标系转换参数的求解,应采用不少于 3 点的高等级起算点两套坐标系成果,所选起算点应分布均匀,且能控制整个测区。转换时应根据测区范围及具体情况,对起算点进行可靠性检验,采用合理的数学模型,进行多种点组合方式分别计算和优选。

(二)地形图测绘

过去测地形图时一般首先要在测区建立图根控制点,然后在图根控制点上架上全站仪或经纬仪配合小平板测图,现在发展到外业用全站仪和电子手簿配合地物编码,利用大比例尺测图软件来进行测图,现在用外业电子平板测图等。但上述作业方法都要求在测站上测四周的地貌等碎部点,这些碎部点都与测站通视,而且一般要求至少 2 人操作,在拼图时一旦精度不符合要求还需到外业返工,较为麻烦。采用 RTK 作业时,仅需一人拿着接收机在要测的地貌碎部点待上 1~2s,并同时输入特征编码,通过手簿可以实时知道点位精度,把一个区域测完后回到室内,由专业的软件接口就可以输出所要求的地形图。这样采用 RTK 仅需一人操作,不要求点间通视,大大提高了工作效率。采用 RTK 配合电子手簿可以测设各种地形图,如普通测图、铁路线路带状地形图的测绘、公路管线地形图的测绘;配合测深仪可以用于测水库地形图、航海海洋图等。

(三)施工放样

放样是测量中常用的应用分支,它要求通过一定方法、采用一定仪器,把设计好的点位在实地标定出来。过去放样方法很多,如经纬仪交会放样、全站仪的边角放样、全站仪坐标放样等。这些放样方法放样出一个设计点位时,往往需要来回移动目标,而且要 2~3 人操作,同时在放样过程中还要求点间通视情况良好,在生产应用上效率不是很高,有时放样中遇到困难要借助于很多方法才能放样。采用 RTK 放样时,仅需把设计好的点位坐标输入电子手簿中,拿着 GNSS 接收机,它会提醒你走到要放样点的位置,既迅速又方便。由于 GNSS 是通过坐标来直接放样的,精度很高也很均匀,因而在放样中效率会大大提高,且只需一个人操作。

第 三 章　三项基本测量工作

第一节　水准测量

一、水准测量原理

　　高程是确定地面点位置的基本要素之一，所以高程测量是三种基本测量工作之一。水准测量是高程测量的主要方法之一，是利用水准仪提供的水平视线，借助带有分划的水准尺，直接测定地面上两点间的高差，然后根据已知点高程和测得的高差，推算出未知点高程。如图3-1所示，在地面点A、B两点竖立水准尺，利用水准仪提供的水平视线，截取尺上的读数a、b，则A、B两点间的高差h_{AB}为"$h_{AB}=a-b$"。

　　高差是后视读数减去前视读数。高差hAB的值可能是正，也可能是负，正值表示待求点B高于已知点A，负值表示待求点B低于已知点A。由此可以知道，高差的正负号与测量进行的方向有关，如图3-1中测量由A向B进行，高差用h_{AB}表示，其值为正；反之由B向A进行，则高差用h_{AB}表示，其值为负。所以，说明高差时必须标明高差的正负号，同时要说明测量的前进方向。

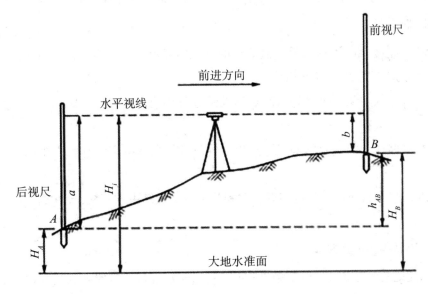

图3-1　水准测量原理

（一）水准测量中的基本概念

（1）后视点及后视读数：某一测站上已知高程的点，称为后视点，在后视点上的尺读数称为后视读数。

（2）前视点及前视读数：某一测站上高程待测的点称为前视点，在前视点上的读数称为前视读数。

（3）转点：在连续水准测量中，用来传递高程的点称为转点。其上既有前视读数，又有后视读数。转点是临时立尺点，作为传递高程的过渡点。一般转点上均需使用尺垫。

（4）测站：每安置一次仪器，称为一个测站。

（二）计算未知点高程的方法

①高差法。②仪高法。③转点法。

二、水准测量的方法及成果的整理

（一）水准点

水准点就是用水准测量的方法测定的高程控制点。水准测量通常从某一已知高程的水准点开始，经过一定的水准路线，测定各待定点的高程，作为地形测量和施工测量的高程依据。水准点应按照水准测量等级，根据地区气候条件与工程需要，每隔一定距离埋设不同类型的永久性或临时性水准点标志或标石，水准点标志或标石可埋设于土质坚实、稳固的地面或地表冰冻线以下合适处，必须便于长期保存又利于观测与寻找。

埋设水准点后，为便于以后寻找，水准点应进行编号（编号前一般冠以"BM"字样，以表示水准点），并绘出水准点与附近固定建筑物或其他明显地物关系的点位草图（在图上应写明水准点的编号和高程，称为点之记），作为水准测量的成果一并保存。

（二）水准路线

水准路线通常沿公路、大道布设。低等级的水准路线也应尽可能沿各类道路布设。等外水准测量常设的水准路线有以下几种形式：

（1）闭合水准路线。从一个已知水准点出发经过各待测水准点后又回到该已知水准点上的路线。

（2）附合水准路线。从一个已知水准点出发经过各待测水准点附和另一个已知水准点上的路线。

（3）支水准路线。从一个已知水准点出发到某个待测点结束的路线，要往返观测比较往返观测高差。

（三）水准测量的实施

水准测量的实施首先要具备以下条件：①确定已知水准点的位置及其高程数据。②确定水准路线的形式，即施测方案。③准备测量仪器和工具，如塔尺、记录表、计算器等。

（四）水准测量的检校方法

水准测量的校核方法可分为测站校核和水准路线校核。

1. 测站校核

对每一测站的高差进行校核,称为测站校核,其方法有以下几种:

（1）双仪高法。在每一测站上测出高差后,在原地改变仪器的高度,重新安置仪器,再测一次高差。如果两次测得的高度之差在限差之内,则取其平均数作为这一测站的高差结果,否则需要重测。在普通水准测量中,该限差规定为 ±10mm。

（2）双仪器法。在两侧点之间同时安置两台仪器,分别测得两点的高差进行比较,结果处理方法同上。

（3）双面尺法。测时不改变仪器高度,采用双面尺的红、黑两面两次测量高差,以黑面高差为准,红面高差与黑面高差比较,若红面高差比黑面高差大,则先将红面高差减去100mm,再与黑面高差比较,误差在 ±10mm 以内取平均值;反之,将红面高差加上 100mm,再与黑面高差比较,误差在 ±10mm 以内取平均值。

2. 水准路线校核

①附合水准路线。

②闭合水准路线。

③支水准路线。

（五）成果整理

水准测量的外业工作完成以后即可进行内业计算。在计算前,首先应该复查外业观测数据是否符合要求、高差计算是否正确,然后按照水准路线中的已知数据进行闭合差的计算,如果闭合差在允许范围内,即可进行闭合差的调整,最后算出各点的高程。

三、水准测量误差来源及削弱措施

测量人员总是希望在进行水准测量时能够得到准确的观测数据,但由于使用的水准仪不可能完美无缺,观测人员的感官也有一定的局限,再加上野外观测必定要受到外界环境的影响,这就使水准测量不可避免地存在着误差。为了保证应有的观测精度,测量人员应对水准测量误差产生的原因及将误差控制在最低程度的方法有所了解。尤其是要避免误读尺上读数、错记读数、碰动脚架或尺垫等观测错误。

水准测量误差按其来源可分为仪器误差、观测误差及外界环境的影响等三个方面。

（一）仪器误差

水准仪使用前,应按规定进行水准仪的检验与校正,以保证各轴线满足条件。但由于仪器检验与校正不甚完善以及其他方面的影响,导致仪器尚存在一些残余误差,其中最主要的是水准管轴不完全平行于视准轴的误差（又称为角残余误差）。

水准尺是水准测量的重要工具，它的误差（分划误差及尺长误差等）也影响着水准尺的读数及高差的精度。因此，水准尺尺面应划分准确、清晰与平直，有的水准尺上安装有圆水准器，便于尺子竖直，还应注意水准尺零点差。所以，对于精度要求较高的水准测量，水准尺也应进行检定。

（二）观测误差

1. 水准尺读数误差

此项误差主要由观测者瞄准误差、符合水准气泡居中误差及估读误差等综合影响所致，这是一项不可避免的偶然误差。

2. 水准尺竖立不直（倾斜）的误差

根据水准测量的原理，水准尺必须竖直立在点上，否则总会使水准尺上的读数增大。这种影响随着视线的抬高（读数增大），其影响也随之增大。

因此，一般在水准尺上安装有圆水准器，扶尺者操作时应注意使尺上圆气泡居中，表明尺子竖直。如果水准尺上没有安装圆水准器，可采用摇尺法，使水准尺缓缓地向前、后倾斜，当观测者读取到最小读数时，即为尺子竖直时的读数。尺子左右倾斜可由仪器观测者指挥司尺员纠正。

3. 水准仪与尺垫下沉误差

有时，水准仪或尺垫处地面土质松软，以致水准仪或尺垫由于自重随安置时间而下沉（也可能回弹上升）。为了减少此类误差的影响，观测者与操作者应选择坚实的地面安置水准仪和尺垫，并踩实三脚架和尺垫，观测时力求迅速，以减少安置时间。对于精度要求较高的水准测量，可采取一定的观测程序（后—前—前—后），可以减弱水准仪下沉误差对高差的影响，采取往测与返测观测并取其高差平均值，可以减弱尺垫下沉误差对高差的影响。

（三）外界环境的影响

1. 地球曲率和大气折光的影响

前述水准测量原理是把大地水准面看作水平面，但大地水准面并不是水平面，而是一个曲面。

保持前后视距相等可以消除地球曲率和大气折光对水准测量高差的影响。但是近地面的大气折光变化十分复杂，在同一测站的前视和后视距离上就可能不同，所以即使保持前视后视距离相等，大气折光误差也不能完全消除。此外，视线离地面尽可能高些，也可减弱折光变化的影响。规范规定，视线高不应低于 0.3m。

2. 大气温度（日光）和风力的影响

当大气温度变化或日光直射水准仪时，由于仪器受热不均匀，会影响仪器轴线间的正常几何关系，出现如水准仪气泡偏离中心或三脚架扭转等现象。所以在进行水准测量时，水准仪若设在阳光下应打伞防晒，风力较大时应暂停水准测量，无风的阴天是最理想的观测天气。

（四）水准测量注意事项

水准测量是一项集观测、记录及扶尺为一体的测量工作。为了消除水准测量误差,全体测量人员应认真负责,按规定要求仔细观测与操作,归纳起来应注意如下几点:

1. 观测

（1）观测前应认真按要求检校水准仪,检视水准尺。

（2）仪器应安置在土质坚实处,并踩实三脚架。

（3）水准仪至前、后视水准尺的视距应尽可能相等。

（4）每次读数前,应注意消除视差,只有当符合水准气泡居中后才能读数,读数应迅速、果断、准确,特别是应认真估读毫米数。

（5）晴好天气,仪器应打伞防晒,操作时应细心认真,做到"人不离仪器",使之安全。

（6）只有当测站记录计算合格后方能搬站,搬站时先检查仪器连接螺旋是否固紧,然后一手托扶仪器,另一手握住脚架稳步前进。

2. 记录

（1）认真记录,边记边回报数字,准确无误地记入记录手簿相应栏内,严禁伪造和转抄。

（2）字体要端正、清楚,不准连环涂改,不准用橡皮擦改,如按规定可以改正时,应在原数字上画线后再在上方重写。

（3）每站应当场计算,检查符合要求后,才能通知观测者搬站。

3. 扶尺

（1）扶尺员应认真竖立尺子,注意保持尺上圆气泡居中。

（2）转点应选择土质坚实处,并将尺垫踩实。

（3）水准仪搬站时,应注意保护好原前视点尺垫位置不受碰动。

第二节　角度测量

一、角度测量的原理

角度测量是测量的三项基本工作之一,包括水平角测量和竖直角测量。经纬仪是进行角度测量的主要仪器。

（一）角度的定义

（1）水平角。从一点发出的两条空间直线在水平面上投影的夹角即二面角,称为水平角。其范围为顺时针 $0° \sim 360°$ 。

（2）竖直角。在同一竖直面内,目标视线与水平线的夹角,称为竖直角。其范围为

$0°\sim \pm 90°$。当视线位于水平线之上,竖直角为正,称为仰角;反之,当视线位于水平线之下,竖直角为负,称为俯角。

（二）水平角测量原理

水平角就是测站点到两观测目标方向线在水平面上的投影所夹的角,一般用 β 表示。如图 3-2 中,A、B、C 是地面上三个不同高程的点,$\angle CAB$ 为直线 AB 与 AC 之间的夹角,测量中所要观测的水平角是 $\angle CAB$ 在水平面上的投影 β,即 $\angle cab$。

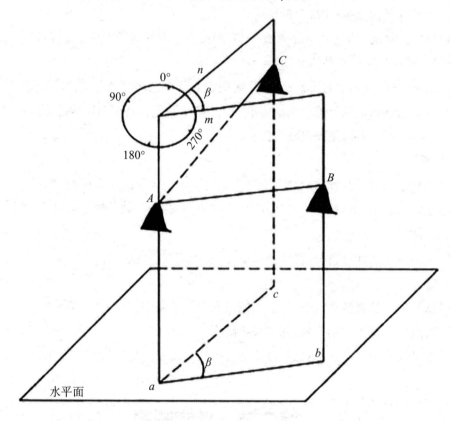

图 3-2 水平角测量原理

二、水平角的观测方法

水平角的观测方法有多种,现将常用的测回法和全圆测回法介绍如下:

（一）测回法

测回法常用于观测两个方向之间的夹角,如图 3-3 所示,现要测的水平角为 $\angle AOB$,在 O 点安置经纬仪,分别照准 A、B 两点的目标进行读数,两读数之差即为要测的水平角值。其具体操作步骤如下:

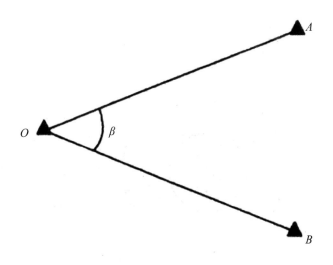

图 3-3　测回法

1. 盘左

盘左位置是指观测者对着望远镜的目镜时,竖盘在望远镜的左边,又称正镜。

(1)顺时针方向转动照准部,瞄准左边目标 A,使标杆或测钎准确地夹在双竖丝中间(或单丝去平分);为了减弱标杆或测钎竖立不直的影响,应尽量瞄准标杆或测钎的最低部。水平度盘置数为 0° 02′ ~ 0° 05′。

(2)读取水平度盘读数 $a_{左}$,记入观测手簿。

(3)松开水平制动螺旋,顺时针方向转动照准部,用同样的方法瞄准右边目标 B,读记水平度盘读数 b 左。

2. 盘右

盘右位置就是观测者对着望远镜的目镜时,竖盘在望远镜的右边,又称倒镜。

(1)松开望远镜制动螺旋,倒转望远镜,盘左变成盘右,先瞄准右边目标 B,读记水平度盘读数站。

(2)逆时针转动照准部,瞄准左边目标 A,记水平度盘读数 $a_{右}$。

（二）全圆测回法

观测三个及以上的方向时,通常采用全圆测回法(也称方向观测法或全圆方向法),它是以某一个目标作为起始方向(零方向),依次观测出其余各个目标相对于起始方向的方向值,然后根据方向值计算水平角值。如图 3-4 所示,现在测站 O 上安置仪器,对中、整平后,选择 A 目标作为零方向,观测 B、C、D 三个方向的方向值,然后计算相邻两方向的方向值之差获得水平角。当方向超过三个时,需在每个半测回末尾再观测一次零方向(归零),两次观测零方向的读数应相等或差值不超过规范要求,其差值称"归零差"。如果半测回归零差超限,应立即查明原因并重测。

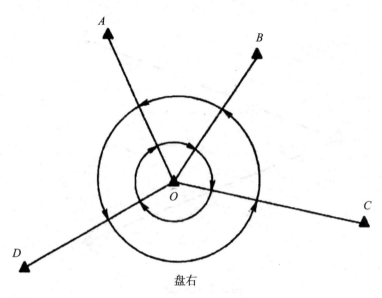

盘右

图 3-4 全圆测回法示意图

三、竖直角的观测方法

（一）竖直角概念

竖直角是指某一方向与其在同一铅垂面内的水平线所夹的角度。由图 3-5 可知，同一铅垂面上，空间方向线 AB 和水平线所夹的角 α 就是 AB 方向与水平线的竖直角，若方向线在水平线之上，竖直角为仰角，用"+α"表示，若方向线在水平线之下，竖直角为俯角，用"-α"表示。其角值范围为 0° ～ ±90° 。

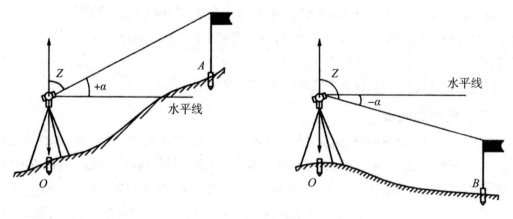

图 3-5 竖直角

（二）竖直角测量的原理

在望远镜横轴的一端竖直设置一个刻度盘（竖直度盘），竖直度盘中心与望远镜横轴中心重合,度盘平面与横轴轴线垂直,视线水平时指标线为一固定读数,当望远镜瞄准目标时,竖盘随着转动,则望远镜照准目标的方向线读数与水平方向上的固定读数之差为竖直角。

（三）竖直度盘的构造

竖直度盘是固定安装在望远镜旋转轴（横轴）的一端,其刻画中心与横轴的旋转中心重合,所以在望远镜做竖直方向旋转时,度盘也随之转动。分微尺的零分划线作为读数指标线相对于转动的竖盘是固定不动的。

现代的仪器则采用自动补偿器竖盘结构,这种结构是借助一组棱镜的折射原理,自动使读数指标处于正确位置,也称自动归零装置,整平和瞄准目标后,能立即读数,因此操作简便,读数准确,速度快。

四、角度测量的误差来源及水平角观测的精度分析

角度测量的精度受各方面的影响,误差主要来源于三个方面:仪器误差、观测误差及外界环境产生的误差。

（一）仪器误差

仪器误差包括仪器本身制造不精密、结构不完善及检校后的残余误差,如照准部的旋转中心与水平度盘中心不重合而产生的误差,视准轴不垂直于横轴的误差,横轴不垂直于竖轴的误差,此三项误差都可以采用盘左、盘右两个位置取平均数来减弱。度盘刻画不均匀的误差可以采用变换度盘位置的方法来消除。竖轴倾斜误差对水平角观测的影响不能采用盘左、盘右取平均数来减弱,观测目标越高,影响越大,因此在山地测量时更应严格整平仪器。

（二）观测误差

1. 对中误差

安置经纬仪没有严格对中,使仪器中心与测站中心不在同一铅垂线上引起的角度误差,称对中误差。对中误差与距离、角度大小有关,当观测方向与偏心方向越接近90°,距离越短,偏心距越大,对水平角的影响越大。为了减少此项误差的影响,在测角时,应提高对中精度。

2. 目标偏心误差

在测量时,照准目标时往往不是直接瞄准地面点上标志点本身,而是瞄准标志点上的目标,要求照准点的目标应严格位于点的铅垂线上,若安置目标偏离地面点中心或目标倾斜,照准目标的部位偏离照准点中心的大小称为目标偏心误差。目标偏心误差对观测方向的影响与偏心距和边长有关,偏心距越大,边长越短,影响也就越大。因此,照准花杆目标时,应尽可能照准花杆底部,当测角边长较短时,应当用线铭对点。

3. 照准误差和读数误差

照准误差与望远镜放大率、人眼分辨率、目标形状、光亮程度、对光时是否消除视差等因

素有关。测量时选择观测目标要清晰,仔细操作消除视差。读数误差与读数设备、照明及观测者判断的准确性有关。读数时,要仔细调节读数显微镜,调节读数窗的光亮适中,掌握估读小数的方法。

(三)外界条件产生的误差

外界条件影响因素很多,也很复杂,如温度、风力、大气折光等因素均会对角度观测产生影响,为了减少误差的影响,应选择有利的观测时间,避开不利因素,如在晴天观测时应撑伞遮阳,防止仪器暴晒,中午最好不要观测。

第三节　距离测量

一、钢尺量距

钢尺量距是用钢卷尺沿地面直接丈量两地面点间的距离。钢尺量距操作简单,经济实惠,但工作量大,受地形条件限制,适合平坦地区的距离测量。

(一)量距工具

主要量距工具为钢尺,还有测钎、垂球等辅助工具。

钢尺又称钢卷尺,由带状薄钢条制成。钢尺有手柄式、盒式两种,长度有 20m、30m、50m 等几种。尺的最小刻画为 1cm、5cm 或 1mm,在分米和米的刻画处分别注记数字。

按尺的零点位置可分为刻线尺和端点尺两种。刻线尺是以尺上里端刻的一条横线作为零点。端点尺是从尺的端点为零开始刻画。使用钢尺时必须注意钢尺的零点位置,以免出现错误。

测钎是用粗铁丝制成,长为 30cm 或 40cm,上部弯一小圈,可套入环中,在小圈上系一醒目的红布条,在丈量时用它标定尺终端地面位置。垂球是由金属制成的类似圆锥形的东西,上端系有细线,是对点的工具。

(二)量距方法

1. 直线定线

当被量距离大于钢尺全长或地面坡度比较大时,两点之间的距离就需要分若干尺段丈量,为使尺段点位不偏离测线的方向,在丈量之前必须进行直线定线。所谓直线定线就是在地面上两端点之间定出若干个点,这些点都必须在两端点连线所决定的垂直面内。根据精度要求不同,可分为目估定线和经纬仪定线两种。

(1)目估定线。用于一般精度的量距,定线的精度不高。如图 3-6 所示,设 A、B 两点相互通视,要在 A、B 两点的直线上定出 1、2 点。先在 A、B 点上竖立花杆,甲站在 A 点标杆后约 1m 处,指挥乙左右移动花秆,直到甲在 A 点沿标杆的同一侧看到 A、2、B 三支标杆成一条线为止。然后将花秆竖直插下,定出 2 点。同理可以定出直线上的 1 点。定线时一般要求点与点之间的距离稍小于一整尺长,地面起伏较大时则宜更短。目测定线的偏差一般小于 10cm,若尺段长为 30m,由此引起的距离误差小于 0.2mm,在图根控制测量中可以忽略不计。

图 3-6　目估定线

（2）经纬仪定线。当定线的精度要求较高时,可用经纬仪来进行定线。如图 3-7 所示,A、B 两点相互通视,将经纬仪安置在 A 点上,利用望远镜纵丝瞄准 B 点,制动照准部,望远镜上下转动,指挥在两点间某一点上的助手,左右移动测钎,直至测钎像为纵丝所平分。测钎尖即为所要定的点（图 3-7 的 1 点）,同样的方法可定出其他点。

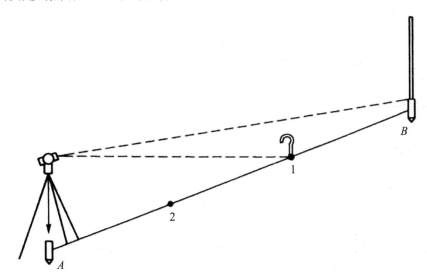

图 3-7　经纬仪定线

2. 钢尺量距的一般方法

1）平坦地面的距离丈量。当地面较平坦时,可沿地面直接丈量水平距离。丈量距离时一般需要三人,前、后尺各一人,记录一人。如图 3-8 所示,现要测量 A、B 两点间的水平距离,先在 A、B 两点上各立一标杆定直线方向,清除直线上的障碍后,测量方法如下:

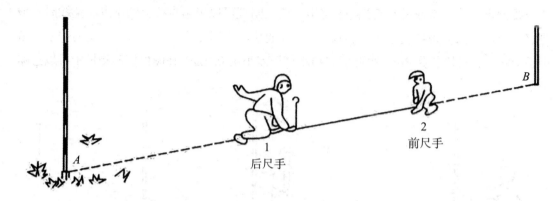

图 3-8

（1）后尺手持钢尺零端站在 A 点后方，前尺手持钢尺末端并拿一组测钎沿 AB 方向前进至一整尺处止步。

（2）用目估定线的方法，前尺手根据后尺手的指挥用测钎把中间点 1 的位置标定在直线 AB 上（此即直线定线），拔去测钎并使钢尺通过测钎脚孔中心，两人同时用力（约 15kg）贴在地面上拉紧钢尺，此时后尺手将钢尺零点刻画线对准 A 点的地面标志，前尺手则在钢尺末端刻线处将第 1 根测钎标定在地面上，此为第一尺段的丈量工作。

（3）两人同时携尺前进，当后尺手到达第 1 根测钎处时停下，同样的方法丈量第二尺段，量完后后尺手收起测钎，以测钎根数作为整尺测段数 n。

2）斜地面的距离丈量。

（1）平量法。当地势起伏不大时，可以用平量法。

（2）斜量法。当地面坡度倾斜比较均匀时，可以沿着斜坡丈量出斜距。

二、视距测量

（一）视距测量的原理

视距测量是一种间接测定地面上两点间的距离和高差的方法。它利用望远镜内的分划装置（十字丝分划板上的视距丝）及刻有厘米分划的视距尺，根据几何光学和三角学原理同时测定地面上两点间的水平距离和高差。与钢尺量距相比，它具有观测速度快、操作方便、受地形条件限制少等优点，但精度较低（一般为 1/300～1/200），测定高差的精度低于水准测量和三角高程测量。视距测量广泛用于地形测量的碎部测量中。

（二）视距测量误差分析

1. 标尺扶立不直产生误差

标尺扶立不直，尤其是前后倾斜将给视距测量带来较大误差，其影响随着尺子倾斜度和地面坡度的增加而增加，因此标尺必须严格扶直，特别是在山区作业时更应注意扶直。

2. 视距尺分划产生误差

视距测量时所用的标尺刻画不够均匀、不够准确,给视距带来误差,这种误差无法得到消除,所以要对视距测量所用的视距尺进行检验。

3. 用视距丝读取尺间隔的误差

由视距测量计算公式可知,若尺间隔的读数有误差,则结果误差将扩大 100 倍,对水平距离和高差的影响都较大。读取视距间隔的误差是视距测量误差的主要来源,故进行视距测量时,读数应认真仔细,同时应尽可能缩短视距长度。因为测量的距离越长,标尺上 1cm 刻画的长度在望远镜内的成像就越小,读数误差就会越大。

4. 竖直角观测误差

从视距测量原理可知,竖直角误差对水平距离影响不大,而对高差影响较大,故用视距测量方法测定高差时应注意准确测定竖直角。读取竖盘读数时,应严格令竖盘指标水准管气泡居中。对于竖盘指标差的影响,可采用盘左、盘右观测取竖直角平均值的方法来消除。

5. 外界条件的影响

近地面的大气折光使视线产生弯曲,而且越接近地面折光差的影响也越大;在阳光照射下空气对流将使视距尺成像不稳定;大风天气将使尺子抖动;尘雾迷蒙会造成视线不清晰,这些因素都会对视距测量产生误差。

三、全站仪测距

(一)全站仪测距原理

全站仪是全站型电子速测仪的简称,是集测角、测距、自动记录于一体的仪器。它由光电测距仪、电子经纬仪、数据自动记录装置三大部分组成。全站仪的生产厂家很多,进口品牌有天宝、索佳、尼康、拓普康、宾得,国产品牌有南方、中海达、华测、苏光、中纬、大地等。

(二)距离测量

测量 A、B 两点的距离,首先将全站仪正确地安置在测站点 A 上,在 B 点架设棱镜。检查仪器电池是否已充足电,度盘指标是否已设置好,仪器参数是否已按观测条件设置好,测距模式是否已正确设置,是否已准确照准棱镜中心,是否返回信号强度,是否适宜测量。根据要求可以测量斜距、平距、高差等。

注意:有些型号的全站仪在家里测量时不能设定仪器高和棱镜高,显示的高差值是全站仪横轴中心与棱镜中心的高差。

第四章 水利工程部件测量

第一节 大坝施工测量

为了满足防洪要求,获得发电、灌溉、防洪等方面的效益,需要在河流的适宜河段修建不同类型的建筑物,用来控制和支配水流,这些建筑物统称为水工建筑物。水工建筑物种类繁多,按其作用可以分为挡水建筑物、泄水建筑物、输水建筑物、取(进)水建筑物、整治建筑物和专门为灌溉、发电、过坝需要而兴建的建筑物。由不同类型的水工建筑物组成的综合体称为水利枢纽。

大坝是水利枢纽的重要组成部分,按坝型可分为土坝、堆石坝、重力坝、拱坝和支墩坝等。修建大坝需按施工顺序进行下列测量工作:布设平面和高程基本控制网,控制整个工程的施工放样;确定坝轴线和布设控制坝体细部放样的定线控制网;清基开挖的放样;坝体细部放样等。对于不同筑坝材料及不同坝型施工放样的精度要求有所不同,内容也有差异,但施工放样的基本方法大同小异。

一、土坝的控制测量

土坝是一种较为普遍的坝型。我国修建的数以万计的各类坝中,土坝约占 90%。根据土料在坝体的分布及其结构的不同,其类型又有多种。图 4-1 是一种黏土心墙坝的示意图。

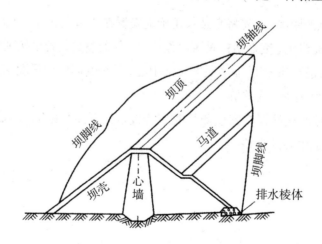

图 4-1 黏土心墙坝结构示意图

土坝的控制测量是首先根据基本网确定坝轴线，然后以坝轴线为依据布设坝身控制网以控制坝体细部的放样。

（一）坝轴线的确定

对于中小型土坝的坝轴线，一般是由工程设计人员和勘测人员组成选线小组，深入现场进行实地踏勘，根据当地的地形、地质和建筑材料等条件，经过方案比较，直接在现场选定。对于大型土坝及与混凝土坝衔接的土质副坝，一般经过现场踏勘，图上规划等多次调查研究和方案比较，确定建坝位置，并在坝址地形图上结合枢纽的整体布置，将坝轴线标于地形图上。

（二）坝身控制线的测设

坝身控制线是与坝轴线平行和垂直的一些控制线。坝身控制线的测设，需将围堰的水排尽后，清理基础前进行。

1. 平行于坝轴线的控制线的测设

平行于坝轴线的控制线可布设在坝顶上下游线、上下游坡面变化处、下游马道中线，也可按一定间隔布设（如 10m、20m、30m 等），以便控制坝体的填筑和进行土石方计算。

测设平行于坝轴线的控制线时，在坝轴线的端点安置全站仪，瞄准后视点，旋转 90° 做一条垂直于坝轴线的横向基准线，然后沿此基准线量取平行控制线距坝轴线的距离，得出各平行线的位置，用方向桩在实地标定；也可以用全站仪按确定坝轴线的方法放样。

2. 垂直于坝轴线的控制线的测设

垂直于坝轴线的控制线，一般按 50m、30m 或 20m 的间距以里程来测设。

（三）高程控制网的建立

用于土坝施工放样的高程控制，可由若干永久性水准点组成基本网和临时作业水准点两级布设。基本网布设在施工范围以外，并应与国家水准点连测，组成闭合或附合水准路线，用三等或四等水准测量的方法施测。

临时水准点直接用于坝体的高程放样，布置在施工范围以内不同高度的地方，并尽可能做到安置一次或两次仪器就能放样高程。临时水准点应根据施工进程及时设置，附合到永久水准点上。一般按四等或五等水准测量的方法施测，并要根据永久水准点定期进行检测。

在精度要求不是很高时，也可以应用全站仪进行三角高程放样。

二、土坝清基开挖与坝体填筑的施工测量

（一）清基开挖线的放样

为使坝体与岩基很好地结合，坝体填筑前，必须对基础进行清理。为此，应放出清基开挖线，即坝体与原地面的交线。

清基开挖线的放样精度要求不高，可用图解法求得放样数据在现场放样。为此，先沿坝

轴线测量纵断面,即测定轴线上各里程桩的高程,绘出纵断面图,求出各里程桩的中心填土高度,再在每一里程桩进行横断面测量,绘出横断面图,最后根据里程桩的高程、中心填土高度与坝面坡度,在横断面图上套绘大坝的设计断面。

(二)坡脚线的放样

清基以后应放出坡脚线,以便填筑坝体。坝底与清基后地面的交线即为坡脚线,下面介绍两种放样方法。

1. 横断面法

同样可以用图解法获得放样数据。由于清基时里程桩受到了破坏,所以应先恢复轴线上的所有里程桩,然后进行纵横面测量,绘出清基后的横断面图,套绘土坝设计断面。在实地将这些点标定出来,然后分别连接上下游坡脚点即得上下游坡脚线。

2. 平行线法

在地形图应用中,介绍了在地形图上确定土坝的坡脚线,是用已知高程的坝坡面(为一条平行于坝轴线的直线)求得它与坝轴线间的距离,获得坡脚点。平行线法测设坡脚线的原理与此相同,不同的是由距离(平行控制线与坝轴线的间距为已知)求高程(坝坡面的高程),而后在平行控制线方向上用高程放样的方法定出坡脚点。

(三)边坡放样

坝体坡脚放出后,就可填土筑坝,为了标明上料填土的界线,每当坝体升高 1m 左右,就要用桩(称为上料桩)将边坡的位置标定出来。标定上料桩的工作称为边坡放样。

放样前先确定上料桩至坝轴线的水平距离(坝轴距)。由于坝面有一定坡度,随着坝体的升高坝轴距将逐渐减小,故预先要根据坝体的设计数据算出坡面上不同高程的坝轴距,为了使经过压实和修理后的坝坡面恰好是设计的坡面,一般应加宽 1～2m 填筑。

放样时,一般在填土处以外预先埋设轴距杆。当坝体逐渐升高,轴距杆的位置不便应用时,可将其向里移动,以方便放样。

(四)坡面修整

大坝填筑至一定高度且坡面压实后,还要进行坡面修整,使其符合设计要求。此时可用水准仪或全站仪按测设坡度线的方法求得修坡量(削坡或回填度)。

三、混凝土坝的施工控制测量

混凝土坝按其结构和建筑材料相对土坝来说较为复杂,其放样精度比土坝要求高。

(一)基本平面控制网

平面控制网的精度指标及布设密度,应根据工程规模及建筑物对放样点位的精度要求确定。平面控制测量的等级依次划分为二、三、四、五等测角网、测边网、边角网或相应等级的光电测距导线网。根据建筑物重要性的不同要求,平面控制网的布设梯级可以根据地形条件及放样需要决定,以 1~2 级为宜。但无论采用何种梯级布网,其最末平面控制点相对于同级起始点或相邻高一级控制点的点位中误差不应大于 10mm。

如果大型混凝土坝的基本网兼做变形观测监测网,要求更高,需按一、二等三角测量要求施测。为了减少安置仪器的对中误差,三角点一般建造混凝土观测墩,并在墩顶埋设强制对中设备,以便安置仪器和觇标。

(二)坝体控制网

混凝土坝采取分层施工,每一层中还分跨分仓(或分段分块)进行浇筑。坝体细部常用方向线交会法和前方交会法放样,为此,坝体放样的控制网—定线网—有矩形网和三角网两种,前者以坝轴线为基准,按施工分段分块尺寸建立矩形网,后者则由基本网加密建立三角网作为定线网。

(三)高程控制

高程控制网的等级依次划分为二、三、四、五等。首级控制网的等级应根据工程规模、范围大小和放样精度确定。布设高程控制网时,首级控制网应布设成环形,加密时宜布设成附和路线或节点网。最末级高程控制点相对于首级高程控制点的高程中误差应不大于10mm。作业水准点多布设在施工区内,应经常由基本水准点检测其高程,如有变化应及时改正。

四、混凝土坝清基开挖线的放样

清基开挖线是确定对大坝基础进行清除基岩表层松散物的范围,它的位置根据坝两侧坡脚线、开挖深度和坡度决定。标定开挖线一般采用图解法。和土坝一样先沿坝轴线进行纵横断面测量绘出纵横断面图,在各横断面图上定坡脚点。

实地放样时,可用与土坝开挖线放样相同的方法,在各横断面上由坝轴线向两侧量距开挖。在清基开挖过程中,还应控制开挖深度,每次爆破后及时在基坑内选择较低的岩面测定高程(精确到厘米即可),并用红漆标明,以便施工人员和地质人员掌握开挖情况。

第二节　隧洞施工测量

一、概述

隧洞施工测量与隧洞的结构型式、施工方法有着密切的联系,一般情况下隧洞多由两端相向开挖,有时为了增加工作面还在隧洞中心线上增开竖井,或在适当的地方向中心线开挖平洞或斜洞,这就需要严格控制开挖方向和高程,保证隧洞的正确贯通。所以,隧洞施工测量的任务如下:标定隧洞中心线,定出掘进中线的方向和坡度,保证按设计要求贯通,同时还要控制掘进的断面形状,使其符合设计尺寸。故其测量工作一般包括洞外定线测量、洞内定线测量、隧洞高程测量和断面放样等。

二、洞外控制测量

(一)地面控制测量

进行地面控制测量的目的是为了决定隧洞洞口位置,并为确定中线掘进方向和高程放样提供依据,它包括平面控制和高程控制。

1. 平面控制

隧洞平面控制网可以采用三角锁或导线的形式,但水利工程中的隧洞一般位于山岭地区,故多采用三角锁的形式。如果有测图控制网能满足施工要求,应尽量加以检核使用。

(1)三角测量

敷设三角锁时应考虑将隧洞中线上的主要中线点包括在锁内,尽可能在各洞口附近布置三角点,以便施工放样,并力求将洞口、转折点等选为三角点,以便减小计算工作量,提高放样精度。三角锁的等级随隧洞长度、形式、贯通精度要求而异,对于长度在 1km 以内、横向贯通误差容许值为 ±10 ~ ±30cm 的隧洞,布设三角网的精度应满足下列要求:基线丈量的相对误差为 1/20 000;三角网最弱边(精度最低的边)的相对误差为 1/10 000;三角形角度闭合差为 30";角度观测时,用全站仪测两侧回。

(2)导线测量

采用导线作为平面控制时,其距离丈量相对误差不得大于 1/5 000,角度用全站仪测两侧回。导线的相对闭合差不应大于 1/5 000。

2. 高程控制

为了保证隧洞在竖直面内正确贯通,将高程从洞口及竖井传递到隧洞中去,以控制开挖坡度和高程,必须在地面上沿隧洞路线布设水准网。一般用三、四等水准测量施测,可以达到高程贯通误差容许值为 ±50mm 的要求。

建立水准网时,基本水准点应布设在开挖爆破区域以外地基比较稳固的地方。作业水准点可布置在洞口与竖井附近,每一洞口要埋设两个以上的水准点。

(二)隧洞洞口位置与中线掘进方向的确定

在地面上确定洞口位置及中线掘进方向的测量工作称为洞外定线测量,它是在控制测量的基础上,根据控制点与图上设计的隧洞中线转折点、进出口等的坐标,计算出隧洞中线的放样数据,在实地将洞口位置和中线方向标定出来,这种方法可称为解析法定线测量。另外,当隧洞很短,没有布设控制网时,则在实地直接选定洞口位置,并标定中线掘进方向,这种方法称直接定线测量。

1. 直接定线测量

对于较短的隧洞,可在现场直接选定洞口位置,然后用全站仪按正倒镜定直线的方法标定隧洞中心线掘进方向,并求出隧洞的长度。

隧洞长度可直接用全站仪测得。

对于较短的曲线隧洞,若地形条件适宜,则可根据设计的曲线元素,按曲线放样的方法将隧洞中线上各点依一定距离(如 10m)在地面上标定出来,然后再精确地测量各点间的距离和角度,作为洞内标定中线的依据。

2. 解析法定线测量

(1)洞口位置的标定。在实地布设的三角网,若洞口不可能选为三角点时,则应将图上设计的洞口位置在实地标定出来。

(2)开挖方向的标定。

(3)隧洞长度。

三、隧洞掘进中的测量工作

(一)隧洞中线及坡度的测设

在隧洞口劈坡完成后,就要在劈坡面上给出隧洞中心线,以指示掘进方向。

随着隧洞的掘进,需要继续把中心线向前延伸,应每隔一定距离(如 20m)在隧洞底部设置中心桩。施工中为了便于目测掘进方向,在设置底部中心桩的同时做 3 个间隔 1.5m 左右的吊桩,用以悬挂锤球。

中心桩一般用 10cm×10cm 长 30cm 的木桩或直径为 2cm 长约 20cm 的钢筋头,周围用混凝土浇灌于隧洞底部,桩顶应低于洞底面 10cm,上加护盖,四周挖排水小沟,防止积水。吊桩通常采用锥头木桩,用风钻在洞顶钻洞,将锥头木桩打入洞内,用小钉标志中心线位置,悬挂锤球。

在隧洞掘进中,为了保证隧洞的开挖符合设计的高程和坡度,还应由洞口水准点向洞内引测高程,在洞内每隔 20~30m 设一临时水准点,200m 左右设一固定水准点,可以在浇灌水泥中线桩时,埋设钢筋兼做固定水准点,采用四等水准测量的方法往返观测,求得点的高程。为了控制开挖高程和坡度,先要根据洞口的设计高程、隧洞的设计坡度和洞内各点的掘进距离,算出各处洞底的设计高程,然后依洞内水准点进行高程放样。放样时,常先在洞壁或撑木上每隔一定距离(5~10m),测设比洞底设计高程高出 1m 的一些点。

(二)洞内导线测量

对于较长的隧洞,为了减少测设洞内中线的误差累积,应布设洞内导线来控制开挖方向。

洞内导线点的设置以洞外控制点为起始点和起始方向,每隔 50~100m 选一中线桩作为导线点。对于曲线隧洞,曲线段的导线边长将受到限制,此时应尽量用能通视的远点为导线点,以增大边长,应将曲线的起点、终点包括在导线点内。为了避免施工干扰,保证点位的稳定,一般用混凝土包裹钢筋,以钢筋顶所刻十字线的交点代表点位,埋设在隧洞底部且低于底面约 10cm 的地方,其上设置活动盖板加以保护。

洞内导线是随着隧洞的掘进逐步向前延伸的支导线。为了保证测量成果的正确,必须由两组分别进行观测和计算,以资检核。测量时,导线边长用全站仪往返丈量,其相对误差不得大于 1/5 000,角度用全站仪观测,不得少于 2 个测回。对于直线隧洞,其横向贯通误差主要由测角误差引起,应注意尽可能减小仪器对中误差和目标偏心误差的影响,提高测角的精度。对于曲线隧洞,测角误差与距离丈量误差均对横向贯通误差产生影响,故还需注意提高测距的精度。内业计算时,为了计算方便,常以隧洞中线作为隧洞施工坐标系的统一坐标轴。根据观测成果计算出导线点的坐标,由于定线和测量误差的累积影响,其与设计坐标不一致,此时则应按其坐标差来改正点位,使导线点严格位于隧洞中线上。

由于洞内导线点的测设是随隧洞向前掘进逐步进行的,中间要相隔一段时间,在测定新点时,必须对已设置的导线点进行检测,直线隧洞测角精度要求较严,可只进行各转角的检核,若检核后的结果表明各点无明显位移,可将各次观测值取平均作为最终成果;若有变动,则应根据最后检测的成果进行新点的计算和放样。

(三)隧洞开挖断面的放样

隧洞断面放样的任务如下:开挖时在待开挖的工作面上标定出断面范围,以便布置炮眼,进行爆破;开挖后进行断面检查,以便修正,使其轮廓符合设计尺寸;当需要衬砌浇筑混凝土时,还要进行立模位置的放样。

断面的放样工作随断面的型式不同而异。通常采用的断面型式有圆形、拱形和马蹄形等。

四、隧洞的贯通误差

在隧洞施工中,由于地面控制测量、联系测量、地下控制测量及细部放样测量的误差,使得两个相向开挖的工作面的施工中线不能理想地衔接,而产生的错开现象,叫贯通误差。

(一)隧洞贯通误差的分类及其限差

要保证隧洞的正确贯通,就是要保证隧洞贯通时在纵向、横向及竖向三方面的误差(称为贯通误差)在允许范围以内。

(1)相向开挖的隧洞中线如不能理想地衔接,其长度沿中线方向伸长或缩短,即产生纵向贯通误差,也就是贯通误差在隧道中线方向的投影,其允许值一般为 ±20cm。

(2)中线在水平面上互相错开,即产生横向贯通误差,也就是贯通误差在水平面内垂直于隧道中线方向的投影,其允许值一般在 ±10cm,但对于中小型工程的泄洪隧洞和不加衬砌的隧洞可适当放宽(如 ±30cm)。

(3)中线在竖直面内互相错开,即产生竖向贯通误差,称高程贯通误差,也就是贯通误差在竖直方向的投影,其允许值一般为 ±5cm。

隧洞的纵向贯通误差主要涉及中线的长度,对于直线隧洞影响不大,有时将其误差限制在隧洞长度的 1/2 000 以内,而竖向误差和横向误差一般应符合上述要求。

实际上对于隧洞贯通误差来说,纵向贯通误差影响隧洞的长度,只要它不大于隧洞定测中线的误差,便可满足隧洞施工要求,高程贯通误差采用水准测量的方法也可达到所需要求,唯有横向贯通误差如果超过一定的范围,就会引起隧洞中线几何形状的改变,导致洞内建筑浸入设计规定界限,给工程造成损失,可见影响隧洞贯通误差的主要因素为横向贯通误差。

(二)隧洞贯通误差的来源和分配

隧洞贯通误差的主要来源为洞外控制测量、联系测量、洞内控制测量的误差,洞内施工放样所产生的误差对贯通的影响很小,可不予考虑。可将洞外控制测量、联系测量、洞内控制测量的误差作为影响贯通误差的独立因素来考虑,洞内两相向开挖的控制测量误差各为一个独立的因素。

隧洞的施工控制测量主要有地面测量和洞内测量两部分,其中每一部分又分为平面控制和高程控制。虽然随着测绘技术的飞速发展、全站仪的普遍应用,不论在测角还是测距上,其定位的精度都大大地提高。但隧道施工控制测量大多采用导线网控制,因此在平面控制上其误差来源主要还是测距和测角所引起的误差。

第三节　渠道测量

开挖河道、修建渠道或道路等各项工程,必须将设计好的路线,在地面上定出其中心位置,然后沿路线方向测出其地面起伏情况,并绘制成带状地形图或纵横断面图,作为设计路线坡度和计算土石方工程量的依据,这项工作称为路线测量。

一、渠道选线测量

(一)踏勘选线

渠道选线的任务就是要在地面上选定渠道的合理路线,标定渠道中心线的位置。渠线的选择直接关系着工程效益和修建费用的大小,一般应考虑有尽可能多的土地能实现自流灌、排,而开挖和填筑的土、石方量和所需修建的附属建筑物要少,并要求中小型渠道的布置与土地规划相结合,做到田、渠、林、路协调布置,为采用先进农业技术和农田园田化创造条件,同时还要考虑渠道沿线有较好的地质条件,少占良田,以减少修建费用。

具体选线时除考虑其选线要求外,应依渠道大小的不同按一定的步骤进行。对于灌区面积大、渠线较长的渠道一般应经过实地查勘、室内选线、外业选线等步骤;对于灌区面积较小、渠线不长的渠道,可以根据已有资料和选线要求直接在实地查勘选线。

1.实地踏勘

查勘前最好先在地形图(比例尺一般为 1:1 万~1:10 万)上初选几条渠线,然后依次对所经地带进行实地查勘,了解和搜集有关资料(如土壤、地质、水文、施工条件等),并对渠线某些控制性的点(如渠首、沿线沟谷、跨河点等)进行简单测量,了解其相对位置和高程,以便分析比较,选取渠线。

2.室内选线

室内选线是在室内进行图上选线,即在适合的地形图上选定渠道中心线的平面位置,并在图上标出渠道转折点到附近明显地物点的距离和方向(由图上量得)。如该地区没有适用的地形图,则应根据查勘时确定的渠道线路,测绘沿线宽 100~200m 的带状地形图,其比例尺一般为 1:5000 或 1:1 万。

在山区丘陵区选线时,为了确保渠道的稳定,应力求挖方。因此,环山渠道应先在图上根据等高线和渠道纵坡初选渠线,并结合选线的其他要求对此线路做必要修改,定出图上的渠线位置。

3.外业选线

外业选线是将室内选线的结果转移到实地上,标出渠道的起点、转折点和终点。外业选线也还要根据现场的实际情况,对图上所定渠线做进一步研究和补充修改,使之完善。实地选线时,一般应借助仪器选定各转折点的位置。对于平原地区的渠线应尽可能选成直线,如遇转弯时,则在转折处打下木桩。在丘陵山区选线时,为了较快地进行选线,可用全站仪测出有关渠段或转折点间的距离和高差。如果选线精度要求高,则用水准仪测定有关点的高程,探测渠线位置。

渠道中线选定后,应在渠道的起点、各转折点和终点用大木桩或水泥桩在地面上标定出来,并绘略图注明桩点与附近固定地物的相互位置和距离,以便寻找。

(二)水准点的布设与施测

为了满足渠线的探高测量和纵断面测量的需要,在渠道选线的同时,应沿渠线附近每隔 1~3km 在施工范围以外布设一些水准点,并组成附和或闭合水准路线,当路线不长(15km 以内)时,也可组成往返观测的支水准路线。水准点的高程一般用四等水准测量方法施测(大型渠道有的采用三等水准测量)。

二、中线测量

中线测量的任务是根据选线所定的起点、转折点及终点,通过量距测角把渠道中心线的平面位置在地面上用一系列的木桩标定出来。

距离丈量,一般用皮尺或测绳沿中线丈量(用全站仪或花秆目视定直线),为了便于计算路线长度和绘制纵断面图,沿路线方向每隔 100m、50m 或 20m 钉一木桩,以距起点的里程进行编号,是为里程桩(整数)。如起点(渠道是以其引水或分水建筑物的中心为起点)的桩号为 0+000，若每隔 100m 打一木桩，则以后各桩的桩号为 0+100、0+200、…，"+"号前的数字为千米数，"+"号后的数字是米数，如 1+500 表示该桩离渠道起点 1km 又 500m。在两整数里程桩间如遇重要地物和计划修建工程建筑物（如涵洞，跌水等）以及地面坡度变化较大的地方，都要增钉木桩，称为加桩，其桩号也以里程编号。

测角和测设曲线，距离丈量到转折点，渠道从一直线方向转向另一直线方向，此时，将全站仪安置在转折点，测出前一直线的延长线与改变方向后的直线间的夹角称为偏角，在延长线左的为左偏角，在右的为右偏角，因此测出的角应注明左或右。

三、纵断面测量

渠道纵断面测量的任务，是测出中心线上各里程桩和加桩的地面高程，了解纵向地面高低的情况，并绘出纵断面图，其工作包括外业和内业。

四、横断面测量

横断面测量的任务，是测出各中心桩处垂直于渠线方向的地面高低情况，并绘出横断面图。其工作分为外业和内业。

（一）横断面测量外业

进行横断面测量时，以中心桩为起点测出横断面方向上地面坡度变化点间的距离和高差。测量的宽度随渠道大小而定，也与挖（或填）的深度有关，较大的渠道、挖方或填方大的地段应该宽一些，一般以能在横断面图上套绘出设计横断面为准，并留有余地。其施测的方法步骤如下：

（1）定横断面方向。在中心桩上根据渠道中心线方向，用木制的十字直角器或其他简便方法即可定出垂直于中线的方向，此方向即是该点处的横断面方向。

（2）测出坡度变化点间的距离和高差。测量时以中心桩为零起算，面向渠道下游分为左、右侧。对于较大的渠道可采用全站仪或水准仪配合量距进行测量。较小的渠道可用皮尺拉平配合测杆读取两点间的距离和高差。

（二）横断面图的绘制

绘制横断面图仍以水平距离为横轴、高差为纵轴绘在方格纸上。为了计算方便，纵横比例尺应一致，一般取 1：100 或 1：200，小型渠道也可取 1：50。

五、土方计算

为了编制渠道工程的经费预算，以及安排劳动力，均需计算渠道开挖和填筑的土、石方量。其计算方法常采用平均断面法，先算出相邻两中心桩应挖（或填）的横断面面积，取其平均值，再乘以两断面间的距离即可得出两中心桩之间的土方量，以公式表示为：

$$V = \frac{1}{2}(A_1 + A_2)D$$

式中 V——两中心桩间的土方量，m³；

A_1、A_2——两中心桩应挖（或填）的横断面面积，m²；

D——两中心桩间的距离，m。

采用该法计算土方时，可按以下步骤进行：

（一）确定断面的挖、填范围

确定挖填范围的方法是在各横断面图上套绘渠道设计横断面。套绘时，先在透明纸上画出渠道设计横断面，其比例尺与横断面图的比例尺相同，然后根据中心桩挖深或填高数转绘到横断面图上。

（二）计算断面的挖、填面积

计算挖、填面积的方法很多，通常采用的有方格法和梯形法，其方法如下：

（1）方格法。方格法是将欲测图形分成若干个小方格，数出图形范围内的方格总数，然后乘以每方格所代表的面积，从而求得图形面积。计算时，分别按挖、填范围数得出该范围内完整的方格数目，再将不完整的方格用目估拼凑成完整的方格数，求得总方格数。

（2）梯形法。梯形法是将欲测图形分成若干等高的梯形，然后用梯形面积的计算公式进行测量和计算，求得图形面积。

六、渠道边坡放样

边坡放样的主要任务是：在每个里程桩和加桩上将渠道设计横断面按尺寸在实地标定出来，以便施工。其具体工作如下：

（一）标定中心桩的挖深或填高

施工前首先应检查中心桩有无丢失，位置有无变动。如发现有疑问的中心桩，应根据附近的中心桩进行检测，以校核其位置的正确性。如有丢失应进行恢复，然后根据纵断面图上所计算各中心桩的挖深或填高数，分别用红油漆写在各中心桩上。

（二）边坡桩的放样

为了指导渠道的开挖和填土，需要在实地标明开挖线和填土线。根据设计横断面与原地面线的相交情况，渠道的横断面形式一般有3种：挖方断面（当挖深达5m时应加修平台）、填方断面、挖填方断面。在挖方断面上需标出开挖线，填方断面上需标出填方的坡脚线，挖填方断面上既有开挖线也有填上线，这些挖、填线在每个断面处是用边坡桩标定的。所谓边坡桩，就是设计横断面线与原地面线交点的桩，在实地用木桩标定这些交点桩的工作称为边坡桩放样。

（三）验收测量

为了保证渠道的修建质量，对较大的渠道，在其修建过程中，对已完工的渠段应及时进行检测和验收测量。

渠道的验收测量一般是用水准测量的方法检测渠底高程，有时还需检测渠堤的堤顶高程、边坡坡度等，以保证渠道按设计要求完工。

第五章 3S 技术及其应用

第一节　3S 技术概述

一、3S 技术综述及其发展历程

3S 技术是现代空间信息科学发展的核心技术，因它们的英文简称中最后一个字母均含有"S"，故人们习惯于将这三种技术合称为 3S 技术。在国际上，与此对应的英文为 Geomatics。因此，可以认为 3S 就是我国的"Geomatics"，可见"Geomatics"体现了现代测绘科学、遥感和地理信息科学与现代计算机科学和信息科学相结合的多学科集成以满足空间信息处理要求的趋势。

综上所述，3S 技术的集成主要包括先进的计算机技术、遥感和卫星技术，三者相互依存、共同发展，构成一体化的技术体系，广泛地应用于地学、资源开发利用、环境治理评估、测绘勘探等多个领域，被称为 21 世纪地球信息科学技术的基础，是构成数字化地球的核心技术体系。

二、3S 技术的集合

在 3S 技术体系中，RS 具有快速、实时、动态获取空间信息的功能，为 GIS 提供及时、准确、综合和大范围遥感数据，并可根据需要及时更新 GIS 的空间数据库；GIS 对地理数据进行采集、管理、查询、计算、分析和管理，可为遥感信息的提取和分析应用提供重要的技术手段和辅助数据资料，从而大大提高遥感数据的自动解译精度；GPS 具有实时、连续、准确地确定地面任意点的地理坐标以及物体和现象运动的三维速度和精确时间的能力，可为 RS 和 GIS 提供准确的空间定位数据，从而建立遥感图像上的地物点与实际地面点的一一对应关系，可为遥感图像的像元样本选择、图像几何校正和空间数据的坐标投影变换提供服务和帮助。

综合而言，3S 技术的综合应用，是一个自然的发展趋势，三者之间的相互作用形成了"一个大脑，两只眼睛"的框架，即 RS 和 GPS 向 GIS 提供或更新区域信息及空间定位，GIS 进行相应的空间分析，并从 RS 和 GPS 提供的浩如烟海的数据中提取有用信息进行综合集成，使之成为决策的科学依据。

第二节　全球定位系统

一、GPS概述

为了满足军事部门和民用部门,满足全天候、全球性和高精度的连续导航定位的迫切要求,20世纪70年代,美国着手研究导航卫星测时测距全球定位系统(Navigation Satellite Timing and Ranging/Global Position System, NAVSTAR/GPS),现在统称为GPS卫星全球定位系统,简称GPS系统。

GPS系统是一种以空间卫星为基础的无线电导航与定位系统,是一种被动式卫星导航定位系统,能为世界上任何地方,包括空中、陆地、海洋甚至外层空间的用户全天候、全时间、连续地提供精确的三维位置、三维速度及时间信息,具有实时性的导航、定位和授时功能。GPS提供两种服务,即标准定位服务SPS(Standard Positioning Service)和精确定位服务PPS(Precise Positioning Service),前者用于民用事业,后者为军方服务。

二、GPS的组成

GPS定位系统主要由三部分组成:GPS卫星星座(空间部分)、地面监控系统(地面控制部分)和GPS信号接收机(用户设备部分)。

(一)卫星星座

1.GPS卫星星座的构成

全球定位系统的空间卫星星座,由24颗卫星组成,其中包括3颗备用卫星。卫星分布在6个轨道面内,每个轨道面上分布有4颗卫星。卫星轨道面相对地球赤道面的倾角约为55°,各轨道平面升交点的赤经相差60°。在相邻轨道上,卫星的升交距角相差30%,轨道平均高度约为20 200km,卫星运行周期为11h58min。因此,同一观测站上,每天出现的卫星分布图形相同,只是每天提前约4min。每颗卫星每天约有5h在地平线以上,同时位于地平线以上的卫星数目随时间和地点而异,最少为4颗,最多可达11颗。在用GPS信号导航定位时,为了解算测站的三维坐标,必须至少观测4颗GPS卫星,这被称为定位星座。

不过也应指出,这4颗卫星在观测过程中的几何位置分布对定位精度有一定的影响,在个别地区仍可能在某一短时间内(如数分钟)只能观测到4颗图形结构较差的卫星,而无法达到必要的定位精度,这种时间段叫作"间隙段"。但这种时间间隙段是很短暂的,并不影响全球绝大多数地方的全天候、高精度、连续实时的导航和定位。

2.GPS卫星星座功能

在全球定位系统中,每颗GPS卫星装有4台高精度原子钟(2台铷钟和2台铯钟),这是卫星的核心设备。它将发射标准频率信号，为 GPS 定位提供高精度的时间标准，卫星的主要功能如下：接收、存储和处理地面监控系统发射来的控制指令及其他有关信息等；向用户连续不断地发送导航与定位信息，并提供卫星本身的空间实时位置及其他在轨卫星的概略位置；通过星载的高精度铯钟和铷钟提供精密的时间标准；卫星上设有微处理机，进行部分必要的数据处理工作；在地面监控站的指令下，通过推进器调整卫星的姿态和启用备用卫星。

（二）地面监控系统

GPS 系统的地面控制部分主要由分布在全球的 5 个地面站所组成，其中包括卫星监测站、主控站和信息注入站，这些站不间断地对 GPS 卫星进行观测，并将计算和预报的信息由注入站对卫星信息进行更新。

1. 监测站

整个全球定位系统共设立了 5 个监测站，分别位于科罗拉多州（美国本土）、阿松森群岛（大西洋）、迭哥加西亚（印度洋）、卡瓦加兰和夏威夷岛（太平洋），监测站设有 GPS 用户接收机、原子钟、收集当地气象数据的传感器和进行数据初步处理的计算机，其主要功能如下：对 GPS 卫星进行连续观测，以采集数据和监测卫星的工作状况；通过环境传感器自动测定并记录气温、气压、相对湿度（水气压）等气象元素；对伪距观测值进行改正后再进行编辑、平滑和压缩，并存储和传送到主控站，以确定卫星的轨道。

2. 主控站

主控站 1 个，设在科罗拉多州。主控站除协调和管理地面监控系统的工作外，其主要任务如下：负责管理、协调地面监控系统中各部分的工作；根据本站和其他监测站的所有观测资料，推算编制各卫星的星历、卫星钟差和大气层的修正参数等，并把这些数据传送到注入站；调整偏离轨道的卫星，使之沿预定的轨道运行；启用备用卫星以代替失效的工作卫星。

3. 注入站

注入站是向 GPS 卫星输入导航电文和其他命令的地面设施，3 个注入站分别设在印度洋的迭哥加西亚岛（Diego Garcia）、南大西洋的阿松森岛（Ascencion）和南太平洋的卡瓦加兰环岛礁（Kwajalein）。注入站的主要设备，包括一台直径为 3.6m 的天线、一台 C 波段发射机和一台计算机。其主要任务是在主控站的控制下，将接收到的导航电文存储在微机中，当卫星通过其上空时再用大口径发射天线将这些导航电文和其他命令分别"注入"卫星，并监测注入信息的正确性。

（三）用户设备部分

用户设备的主要任务是接收 GPS 卫星发射的无线电信号，以获得必要的定位信息及观测量，并经数据处理获得必要的导航和定位信息，经数据处理，完成导航和定位工作。其基本设备主要由 GPS 接收机硬件和数据处理软件，以及微处理机及其终端设备组成，而 GPS 接收机的硬件，一般包括主机、天线和电源。GPS 信号接收机按照用途不同，可分为导航型、测地型和授时型三种；按照工作原理可分为有码接收机和无码接收机；按照载波频率可分为单频接收机（L1 载波）和双频接收机（L1 和 L2 载波）；按照型号划分，种类就更多，且产品的更新很快，日新月异。

三、GPS 坐标系统

坐标系统是由坐标原点位置、坐标轴指向和尺度所定义的。GPS 定位测量涉及两类坐标系，即天球坐标系和地球坐标系。天球坐标系是一种惯性坐标系，其原点和各坐标轴的指向在空间保持不动，可较方便地表示卫星的运行位置和状态；而地球坐标系则是地球体相关联的坐标系统，用于描述地面测站点的位置；为了便于这两套系统下点位的使用和比较，还需要建立两套坐标系间的转换模型。

四、GPS 定位系统原理

利用 GPS 进行定位，就是把卫星视为"动态"的控制点，在已知其瞬时坐标（可根据卫星轨道参数计算）的条件下，以三颗以上 GPS 卫星与地面未知点（用户接收机天线）之间的距离（距离差）作为观测量，进行空间距离后方交会，即已知卫星空间位置交会出地面未知点（用户接收机天线）三维坐标位置。

（一）伪距法

GPS 卫星能够发射测距码信号（C/A 码或 P 码），该信号经过时间 t 后，到达接收机天线，那么由卫星发射的测距码信号达到 GPS 接收机的传播时间乘以光速所得到的即是量测距离。由于卫星钟、接收机钟的误差及无线电信号经过电离层和对流层中的延迟，实际测出的距离和卫星到接收机真实几何距离有一定的差值，故一般称量测出的距离为伪距，所对应的方法就是伪距定位。但是，该方法的优点是速度快、无多值性问题，是 GPS 定位系统进行导航的最基本方法，并可以利用增加观测时间来提高观测定位精度；缺点是测量定位精度低，但足以满足部分用户的需要。

（二）差分 GPS 定位原理

影响 GPS 实时单点定位精度的主要因素有卫星星历误差、大气延迟（电离层、对流层延迟）误差和卫星钟的钟差等。对于相距不太远的两个测站在同一时间分别进行单点定位而言，测量误差对两站的影响就大体相同。因此，将 GPS 接收机安置在基准站上进行观测，根据已知的基准站的精密坐标计算出坐标、距离或者相位的改正值，并由基准站通过数据链实时将改正数发给用户接收机，从而改正定位结果，提高定位精度，这就是差分 GPS 的基本工作原理。

GPS 定位中，存在着三种误差：一是多台接收机共有的误差，如卫星钟误差、星历误差；二是传播延迟误差，如电离层误差、对流层误差；三是接收机固有的误差，如内部噪声、通道延迟、多路径效应。采用差分技术，完全可以消除第一部分误差，可大部分消除第二部分误差（主要看基准站至用户的距离）。

根据基准站发送信息方式的不同，差分 GPS 定位可分为测站差分、伪距差分、相对平滑伪距差分和载波相位差分。

其原理如下：在基准站上利用已知坐标求出测站至卫星的距离，然后将其与接收机测定的含有各种误差的伪距进行比较，并利用一个滤波器对所得的差值求出滤波偏差（伪距改正数），最后将所有卫星的伪距改正数传输给用户站，用户站利用此伪距改正数改正所测量的伪距，得到用户站自身的坐标。

五、GPS 测量方法

GPS 测量主要包括 GPS 点选址、观测、观测成果检核与数据处理等环节。

近几年来，随着 GPS 接收系统硬件和处理软件的发展，已有多种测量方案可供选择。这些不同的测量方案，也称 GPS 测量的作业模式，如静态绝对定位、静态相对定位、快速静态定位、准动态定位、实时动态定位等。现就土木工程测量中最常用的静态相对定位和实时动态定位的方法与实施做一简单介绍。

（一）静态相对定位

静态相对定位是 GPS 测量中最常用的精密定位方法。它采用 2 台（或 2 台以上）接收机，分别安置在一条或数条基线的两个端点，同步观测 4 颗以上卫星。

1.GPS 网的技术设计

GPS 网的技术设计是一项基础性的工作。这项工作应根据网的用途和用户的要求进行，其主要内容包括 GPS 测量精度指标和 GPS 网的图形设计等。

（1）GPS 测量精度指标

GPS 测量精度指标的确定取决于 GPS 网的用途，设计时应根据用户的实际需要和可以实现的设备条件，恰当地选定精度等级。

（2）GPS 网构成的几个基本概念

①观测时段：测站上开始接收卫星信号到观测停止连续工作的时间段，简称时段。

②同步观测：两台或两台以上接收机同时对同一组卫星进行的观测。

③同步观测环：三台或三台以上接收机同步观测获得的基线向量所构成的闭合环，简称同步环。

④独立观测环：由独立观测所获得的基线向量构成的闭合环，简称独立环。

⑤异步观测环：在构成多边形环路的所有基线向量中，只要有非同步观测基线向量，则该多边形环路叫异步观测环，简称异步环。

⑥独立基线：对于 N 台 GPS 接收机构成的同步观测环，有很多条同步观测基线，其中独立基线数为 N^{-1}。

⑦非独立基线：除独立基线外的其他基线叫非独立基线，独立基线数之差即为非独立基线数。

（3）GPS网的图形设计

在进行GPS测量时由于点间不需要相互通视，因此其图形设计具有较大的灵活性。GPS网的图形布设通常有点连式、边连式、网连式及边点混合连接四种基本形式。图形布设形式的选择取决于工程所需要的精度、野外条件及GPS接收机台数等因素。

①点连式。点连式是指相邻同步图形之间仅有一个公共点连接的网。这里，同步图形是指三台或三台以上接收机同时对一组卫星观测（称同步观测），所获得的基线向量构成的闭合环，也称同步环。点连式几何图形强度很弱，检核条件太少，一般不单独使用。

②边连式。边连式是指相邻同步图形之间由一条公共边连接。这种布网方案有较多的复测边和由非同步图形的观测基线组成异步图形闭合条件（异步环），便于成果的质量检核。

③网连式。这是指相邻同步图形间有两个以上的公共点相连接。这种方法需4台以上的接收机，几何图形强度和可靠性都较高，但工作量也较大，一般用于高精度控制测量。

④边点混合连接式。这是指把点连式与边连式有机结合起来，组成GPS网。这种网的布设特点是周围的图形尽量采用边连式，在图形内部形成多个异步观测环，这样既能保证网的精度，提高网的可靠性，又能减少外业工作量，降低成本，是一种较为理想的布网方法。

在低等级GPS测量或碎部测量时，可以用星形布置，这种方法几何图形简单，其直接观测边间不构成任何闭合图形，没有检核条件，但优点是测量速度快。若有三台仪器，一个作为中心站，另两台流动作业，则不受同步条件限制。

2.选点与建立标志

由于GPS测量的观测站之间不必要求彼此相互通视，而且布设GPS网的图形结构也比较灵活，所以GPS测量的选点工作比常规测量的选点工作要简便得多，且省去建立高标的费用，降低了成本。但是GPS测站是对GPS卫星信号进行接收和观测的，必须要求测站的顶空开阔。因此，为了保证外业观测工作的顺利进行和保证测量结果质量，实践中选择GPS点位时应慎重。所以，在选择GPS点位工作开始之前，首要的工作是广泛收集有关测区的地理、环境资料，了解原有测量控制点的分布及标架、标石保存的完好状况，还应遵守以下一些原则。

3.外业观测

外业观测作业的主要目的是捕获GPS卫星信号，并对其进行跟踪、处理，以获取所需要的定位信息和观测数据。因此，利用GPS测量方法施测各等级GPS测量控制网，观测时依据的基本技术指标应该按照有关GPS测量规范（或规程）的要求执行。为了顺利完成观测任务，在观测之前除了对选定的仪器设备进行严格的检验外，其作业要按照以下步骤进行：

（1）天线安置

天线的稳妥安置是实现精密定位的重要条件之一，因此，GPS接收机天线应该架设在三脚架上,并安置于标志中心的正上方,进行严格整平、对中和定向(天线的定向标志线指向正北),并量取天线高。

(2)开机观测

天线安置完成后,接通接收机、天线、电源和控制器的链接按钮,即可开启观测,但是外业观测过程中,接收机操作人员应该注意以下事项:将接收机开机,在接收机有关指示显示正常并通过自检后,方能输入关于测站和时段控制的有关信息;接收机在开始记录数据后,应该注意查看有关观测卫星的数量、卫星号、实时测量定位结果及其变化、存储介质记录等情况;在每一观测站上,当全部预定作业项目经检查已按规定完成,并且记录资料完整后方可迁站;在观测过程中也要随时查看仪器内存或硬盘容量,每日观测结束后,应及时将数据转存至计算机的硬盘、软盘上,以确保观测数据不会丢失。

(3)观测记录

在外业观测工作中,记录方式一般有两种:一种由 GPS 接收机自动进行,均记录在存储介质(如硬盘、磁卡等)上,记录的内容主要包括每一历元的观测值、GPS 星历和卫星钟差参数等信息和实时绝对测量定位结果等;另一种是测量手簿,记录每一个观测站上接收机启动前和观测过程,是 GPS 测量定位的重要依据,其记录的格式和内容应该严格按照有关GPS 测量规范(或规程)的规定执行。观测记录是 GPS 定位的原始数据,也是进行后续数据处理的依据,必须认真妥善保管。

4.观测成果检核与数据处理

观测成果检核是确保外业观测质量、实现预期定位精度的重要环节。所以,当观测任务结束后,必须在测区及时对外业观测数据进行严格的检核,并根据情况采取淘汰或必要的重测、补测措施。只有按照规范要求,对各项检核内容严格检查,确保准确无误,才能进行后续的平差计算和数据处理。

GPS 测量采用连续同步观测的方法,一般 15s 自动记录一组数据,其数据之多、信息量之大是常规测量方法无法相比的;同时,采用的数学模型、算法等形式多样,数据处理的过程比较复杂。在实际工作中,借助计算机,使数据处理工作的自动化达到了相当高的程度,这也是 GPS 能够被广泛使用的重要原因之一。

GPS 数据处理要从原始的观测值出发得到最终的测量成果,其处理过程大致如下:

①数据传输与转储。数据传输是用电缆将接收机和计算机连接,并在后处理软件的菜单中选择传输数据选项后将观测数据传输至计算机,但需要对照观测记录手簿,检查所输入的记录是否正确。

②数据预处理。对数据进行平滑滤波检验,剔除粗差;统一数据文件格式并将各类数据文件加工成标准文件;对观测值进行各种模型改正。

③基线处理与质量评估。对所获得的外业数据及时进行处理,解算出基线向量,并对结算结果进行质量评估。但是在结算时要顾及观测时段中信号间断引起的数据剔除、观测数据粗差的发现与剔除、星座变化引起的整周未知参数的增加等问题。

④网平差处理。对合格的基线向量所构建的 GPS 基线向量网进行平差求解,得出网中各点的坐标成果,并利用 GPS 测定网中各点的正高,对高程进行拟合。

⑤技术总结。根据整个 GPS 网的布设及数据处理情况,进行技术总结和成果验收报告。

(二)实时动态测量

实时动态(Real Time Kinematics, RTK)测量技术,是以载波相位观测量为依据的实时差分 GPS 测量技术,它是 GPS 测量技术发展中的一个新突破。前面讲述的测量方法是在采集完数据后用特定的后处理软件进行处理,然后才能得到精度较高的测量结果。而实时动态测量则是实时得到高精度的测量结果。实时动态测量技术的基本原理是:在基准站上安置 1 台 GPS 接收机,对所有可见卫星进行连续观测,并将其观测数据通过发射台实时地发送给流动观测站。在流动观测站上,GPS 接收机在接收卫星信号的同时通过接收电台接收基准站传送的数据,然后由 GPS 控制器根据相对定位的原理,实时计算出厘米级的流动站的三维坐标及其精度。

由于应用 RTK 技术进行实时定位可以达到厘米级的精度,因此,除了高精度的控制测量仍采用 GPS 静态相对定位技术之外,RTK 技术可应用于地形测图中的图根测量、地籍测量中的控制测量等。

利用 RTK 技术测图时,地形数据采集由各流动站进行,测量人员手持电子手簿在测区内行走,系统自动采集地形特征点数据,执行这些任务的具体步骤有赖于选用的电子手簿 RTK 应用软件。一般应首先用 GPS 控制器把包括椭球参数、投影参数、数据链的波特率等信息设置到 GPS 接收机上;把 GPS 天线置于已知基站控制点上,安装数据链天线,启动基准站使基站开始工作。进行地面数据的采集的各流动站,需首先在某一起始点上观测数秒进行初始化工作。之后,流动站仅需 1 人持对中杆背着仪器在待测的碎部点等待 1~2s,即获得碎部点的三维坐标,在点位精度合乎要求的情况下,通过便携机或电子手簿记录并同时输入特征码,流动接收机把一个区域的地形点位测量完毕后,由专业测图软件编辑输出所要求的地形图。这种测图方式不要求点间严格通视,仅需 1 人操作便可完成测图工作,大大提高了工作效率。

六、GPS 在水利工程建设中的应用

水利工程是国家的经济命脉,提高其工作效率、保障其安全运营是头等大事。因此,水利工程项目无论在设计阶段还是施工建设期间、项目竣工验收,甚至在整个后期安全运营健康监测和环境质量监测等方面,均需要测量部门或单位能够快速、准确地提供各方面的高精度测量数据和信息。如采用传统的测量方法和手段,在条件困难的地区很难保证数据信息的高标准精度要求,GPS 测量技术的出现和应用使很多难题迎刃而解,并取得了很高的精度,在水利工程建设方面的应用如下:

①平面控制测量

根据工程的实际需要，利用 GPS 静态定位、快速静态定位和实时动态定位技术（简称 RTK）进行控制网测量和部分碎部测量，其基本优点首先是高精度。实践证明，GPS 相对定位精度在 50km 以内可达 10^{-6}m，在 300~1500m 工程精密定位中，1h 以上观测的其平面位置误差小于 1mm。其次观测时间短，采用相对静态定位，20km 以内仅需 15~20min；应用 RTK 测量，相距基准站 15km 以内，流动站观测时间每站观测仅需几秒钟。

②放样测量

水利工程测量过程中，采取 RTK 进行点和线路放样。点放样是将放样点坐标和静态网中的坐标转换参数一起上传到 GPS 流动站中，然后根据所放点标识进行实地放样，放样精度可以控制在 5cm 以内；线路放样是在室内根据线路中心线的弯道元素编制线路中心线文件，将该文件和坐标转换参数上传到 GPS 流动站接收机，在实地依桩号和所放点与中心线的关系进行现场放样。

③航空摄影外业像控测量

在水利工程中，由于测区一般多为条带狭长形，线路一般较长，且树林茂密，通视条件差。其像控点布设一般较为分散，且像控点间距离远，如果采用传统的控制测量模式不仅耗时费力，而且很难保证测量精度，进而影响工期进度，利用 GPS 可以在较短的时间内完成外业像控点的采集工作。

④工程质量监测

水利设施的工程质量监测，是水利建设及使用时必须贯彻的关键措施。传统的监管方法包括目测、测绘仪定位、激光聚焦扫描等。而基于 GPS 技术的质量监测，是一种完全意义上的高科技监测方法。它将具有微小 GPS 信号接收芯片置于相关工程设施待检测处，如水坝的表面、防洪堤坝的表面、山体岩壁的接缝处等，如果出现微小的裂缝、开口乃至过度的压力，相关的物理变化促使高精度 GPS 信号接收芯片的记录信息发生变化，进而把问题反映出来。此外，如果把 GPS 监测系统与相关工程监测体系软件、报警系统联系结合，可更加严密地实现工程质量监测。

⑤水下地形测量

水利工程测量最难的是水下地形测量，水下地形复杂，人眼又看不见，水上作业条件差，水下地形资料的准确性对水利工程建设十分重要。传统水下地形测量精度不高，测区范围有限，工作量大，人员配置多等。随着 GPS、RTK 技术在测量中的空前发展，水下地形测量也得到了广泛应用。GPS 进行水下地形测量的步骤如下：将 GPS、测深仪和笔记本电脑连接在一起，导航软件对测量船进行定位，并指导测量船在指定测量断面上航行，GPS 和测深仪将实时测得的数据导入笔记本电脑，由海洋测量软件处理生成水下地形图或导出文件，再由地形地籍成图软件绘制水下地形图。

⑥河流截流施工

在截流施工中，需要进行施工控制测量和水下地形测量。传统的截流采用人工采集数据,工作量大,速度慢,时间上不能满足要求。而运用 GPS、RTK 技术实施围堰控制测量和水下地形测量,则能很好地进行施工控制测量,并能及时提供施工部位的水下地形图,为施工生产提供必需的地形数据,保证施工生产的顺利进行。

第三节 地理信息系统

一、GIS 概述

GIS 是 20 世纪 60 年代中期开始形成并逐步发展起来的一门新技术。20 世纪 50 年代,计算机科学的兴起和它在航空摄影测量与地图制图学中的应用,使人们开始利用计算机来收集、存储和处理各种与空间分布有关的图形和属性数据,并希望通过计算机对数据进行分析来直接为管理和决策服务。因此,便产生了地理信息系统(GIS)。

地理信息系统(Geographic Information System 或 GEO-Information System,GIS)又称为"地学信息系统"或者"资源与环境信息系统",它是一种特定的十分重要的空间信息系统,是在计算机软件和硬件支持下,运用系统工程和信息科学的理论,科学管理和综合分析空间内涵的地理信息,以提供规划、管理、决策和研究所需要的信息技术系统。可见,GIS 是研究与地理分布有关的空间信息系统。

GIS 是多学科交叉的产物,通过上述概括和分析来看,它具有以下特点:

① GIS 的物理外壳是计算机化的技术系统,它由若干个相互联系的子系统构成,如数据采集系统、数据管理系统、数据处理系统和分析子系统、图像处理子系统和数据产品输出子系统等,并且这些子系统的好坏直接影响着 GIS 的硬件平台、功能、效率、数据处理方式及输出类型。

② GIS 具有采集、管理、分析和输出多种空间信息的能力,其操作的对象是空间数据。但空间数据的最根本特点就是每一个数据都是按照统一的地理坐标进行编码,实现对其定位、定性和定量描述,这是 GIS 区别于其他类型信息系统的一个根本标志。

③ GIS 的技术优势在于它的数据综合、模拟和分析能力,系统以空间分析模型驱动,借助强大的空间综合分析和动态预测能力,得到常规方法或普通信息系统难以得到的重要信息,实现地理空间过程演化的模拟和预测。

④ GIS 与测绘学和地理学有密切的关系。大地测量、工程测量、地籍测量、航空摄影测量和遥感技术为 GIS 中的空间实体提供各种不同比例尺和精度的定位数据;GPS 定位技术和遥感数字图像处理系统等现代测绘技术可直接快速和自动获取空间目标的数字信息,及时对 GIS 进行数据更新。

⑤ GIS 按照研究的范围大小可分为全球性的、区域性的和局部性的;按照研究的内容

可分为专题地理信息系统、区域地理信息系统和地理信息系统。此外，GIS 还可以按照系统功能、数据结构、用户类型和数据容量进行分类。

二、GIS 的组成

完整的地理信息系统主要由四个部分组成：计算机硬件系统、计算机软件系统、空间数据库和应用人员（用户）。

（一）计算机硬件系统

计算机是计算机系统中物理装置的总称，可以是电子的、电的、机械的、光的元件或装置，是 GIS 的物理外壳，系统的规模、精度、速度、功能、形式、使用方法甚至软件都与其有极大的关系，可见，GIS 受系统的支持或制约。由于 GIS 目标任务的复杂性和特殊性，必须有计算机及其设备的支持。GIS 硬件配置一般包括四个部分。

①计算机主机。显示器、键盘和鼠标等。

②数据输入设备。数字化仪、图像扫描仪、手写笔和通信端口等。

③数据存储设备。光盘刻录机、磁带机、光盘塔、活动硬盘盒磁盘阵列。

④输出设备。笔式绘图仪、喷墨绘图仪（打印机）、激光打印机和其他端口。

（二）计算机软件系统

计算机软件系统是 GIS 运行所必需的各种程序，是 GIS 的灵魂，一般由计算机软件系统、GIS 软件平台和应用分析软件组成。

1.计算机系统软件

计算机软件系统是计算机厂家为方便用户使用和开发计算机资源而提供的程序系统，通常包括操作系统、汇编系统、编译系统和服务程序和各种维护使用手册、程序说明等，是 GIS 日常工作所必需的。

2.GIS 平台软件

GIS 平台软件是通用的 GIS 基础平台，也可以是专门开发的 GIS 软件包。GIS 平台软件一般应包括数据输入和校验、数据存储和管理、空间查询和分析、数据显示和数据输出机用户接口等五个基本模块。

3. 应用分析软件

应用分析软件是系统开发人员或用户根据地理专题或区域分析模型编制的用于某种特定应用任务的软件，是软件功能的扩充与延伸。用户进行软件开发的大部分工作是开发应用程序，而应用程序的水平在很大程度上决定了软件的实用性、优劣和成败。

GIS 软件配置应注意以下问题：

• 能最大限度地满足本系统的需要，便于使用和开发；

• 软件公司技术实力较强，软件维护、更新和升级有保障；

• 有较强的力量支持；

• 性能稳定可靠,且价格相对合理。

(三)空间数据库

空间数据是指以地球表面空间位置为参考,描述自然、社会经济要素和人文景观的数据,可以是图形、图像、文字、表格和数字等。空间数据是用户通过各种输入设备或系统通信设备输入 GIS,是系统程序作用的对象,是 GIS 所表达的现实世界经过模型抽象的实质性内容。

不同用途的 GIS,其地理空间数据的种类、精度都是不同的,但基本上包括相互联系的三个方面。

1.几何数据

几何数据是描述地理实体本身位置和形状大小等的度量信息,其表达手段是坐标串,能够标示地理实体在某个已知坐标系(如大地坐标系、直角坐标系或自定义坐标系)中的空间位置,可以是经纬度、平面直角坐标、极坐标,也可以是矩阵的行列数。

2.空间关系

空间关系是指地理实体之间相互作用的关系,即为拓扑关系,标示点、线、面实体之间的空间联系,如网络节点与网格线之间的枢纽关系、边界线与面实体的构成关系、面实体与岛或内部点的包含关系等。空间拓扑关系对于地理空间数据的编码、录入、格式转换、存储管理、查询检索和模型分析都有重要意义,是地理信息系统的特色之一。

3.属性数据

属性数据即非空间数据,是各个地理单元中的自然、社会、经济等专题数据,表示地理实体相联系的地理变量或地理意义。其表达手段是字符串或统计观测数值串。属性数据分为定量和定性两种,前者包括数量和等级,后者包括名称、种类和特性等。属性数据是 GIS 的主要处理对象,是对地理实体专题内容更广泛、更深刻的描述,是对空间数据强有力的补充。

GIS 特殊的空间数据模型决定了 GIS 独有的空间数据结构和数据编码方式,也决定了 GIS 独具的空间数据管理方法和系统空间数据分析功能,成为管理资源与环境及地学研究的重要工具。

(四)应用人员

GIS 应用人员包括系统开发人员和 GIS 产品的最终用户。人是 GIS 中最重要的构成元素,其业务素质和专业知识是 GIS 工程开发及其应用成败的关键。

用户是 GIS 中的重要构成因素,仅有系统软件、硬件和数据还不能构成完整的地理信息系统,需要用户进行系统组织、管理、维护、数据更新和应用程序开发,并采用地理分析模型提取多种信息,为地理研究和空间决策服务。

通常 GIS 的工作人员可以分为以下几类:

①低级技术人员。低级技术人员不必知道 GIS 如何工作,任务是数据的输入、结果的输出等。

②业务操作人员。业务操作人员应熟练掌握 GIS 的操作，维护 GIS 的日常运行，完成应用任务。

③软件技术人员。软件技术人员必须精通 GIS，负责系统的维护、系统的开发和教学模型的建立等。

④科研人员。科研人员利用 GIS 进行科研工作，并能提出新的应用项目和新的要求及功能。

⑤管理人员。管理人员包括决策、公关等人员，应懂得 GIS 技术，能介绍 GIS 的功能，寻找用户等。

三、GIS 的基本功能

GIS 将现实世界从自然环境转移到计算机环境，其作用不仅仅是真实环境的再现，更主要的是 GIS 能为各种分析提供决策支持。GIS 实现了对空间数据的采集、编辑、存储、管理、分析和表达等加工处理，其目的是从中获取更有用的空间信息和知识。可见，GIS 利用空间分析工具，通过对有地理分布特征的对象进行研究处理，实现其功能，其功能一般包括以下方面：

（一）数据的采集、输入和检验

数据采集和输入是将系统外部的数据传输到系统内部，并将这些数据外部格式转换为系统便于处理的内部格式。为了保证地理信息系统数据库中的数据在内容与空间上的完整性及逻辑上的一致性，通过编辑的手段保证数据的无错。地理信息系统空间数据库的建设占整个系统建设投资的 70% 以上，因此，信息共享和自动化数据输入成为地理信息系统研究的重要内容，出现了一些专门用于自动化数据输入的地理信息系统的支持软件。

随着数据源种类的不同，输入的设备和输入方法也在发展。目前，用于地理信息系统数据采集的方法和技术很多，主要有图形数据输入、栅格数据输入、测量数据输入和属性数据输入。目前，数据输入一般采用矢量结构输入，因为栅格结构输入工作量太大（早期地理信息系统可用栅格结构输入），需要时将矢量数据转换为栅格数据，栅格数据特别适合构建地图分析模型。数据输入主要包括数字化、规范化和数据编码三个方面的内容。

• 数字化是根据不同信息类型，经过跟踪数字化或扫描数字化，进行坐标变换等，形成各种数据格式，存入数据库。

• 规范化是指对不同比例尺、不同投影坐标系统和不同精度的外来数据，以一种统一的坐标和记录方式，便于以后进一步工作。

• 数据编码是指根据一定的数据结构和目标属性特征，将数据转换为计算机识别和管理的代码或编码字符。

数据的输入方式和设备有密切关系，常用的三种形式为手扶跟踪数字化、扫描数字化和键盘输入。

（二）数据编辑与更新

数据编辑主要包括图形编辑和属性编辑。图形编辑主要包括图形修改、增加、删除、图形整饰、图形变换、图幅拼接、投影变换、坐标变换、误差校正和建立拓扑关系等。投影变换和坐标变换在建立地理信息系统空间数据库中非常重要，只有在同一地图投影和同一坐标系下，各种空间数据才能绝对配准。属性编辑通常与数据库管理一起完成，工作主要包括属性数据的修改、删除和插入等操作。

数据更新是以新的数据项或记录来代替数据文件或数据库中相应的数据项或记录，是通过修改、删除和插入等一系列操作来完成的。数据更新是 GIS 建立空间数据的时间序列，满足动态分析的前提是对自然现象的发生和发展做出科学合理的预测预报。

（三）空间数据库管理

空间数据库管理是 GIS 数据管理的核心，是有效组织地理信息系统项目的基础，涉及空间数据（图形图像数据）和属性数据。栅格模型、矢量模型或栅格/矢量混合模型是常用的空间数据组织方法。这些图形数据和图像数据都要以严格的逻辑结构存放到空间数据库中，属性数据管理一般直接利用商用关系数据库软件，如 Foxpro、Access、Oracle、SQL Server 等进行管理。

由于地理信息系统空间数据库数据量大、涉及的内容多，要求它既要遵循常用的关系型数据库管理系统来管理数据，又要采用一些特殊的技术和方法来解决常规数据库无法管理空间数据的问题。地理信息系统的数据库管理已经从图形数据和属性数据通过唯一标识码的公共项一体化连接发展到面向目标的数据库模型，再到多用户的空间数据库引擎。GIS数据库管理技术的改进，有助于提高大数据量的信息检索、查询和共享的效率。

（四）空间查询与分析

空间查询和分析是地理信息系统的核心功能，是 GIS 区别于其他信息系统的本质特征，主要包括数据操作运算、数据查询检索和数据综合分析。数据查询检索是从数据文件、数据库中查找和选取所需要的数据，为了满足各种可能的查询条件而进行的系统内部的数据操作。

综合分析功能可以提供系统评价、管理和决策的能力，分析功能可在系统操作运算功能的支持下建立专门的分析软件来实现，主要包括信息量测、属性分析、系统分析、二维模型、三维模型和多种要素的综合分析。

一个地理信息系统软件提供的基本空间分析功能的强弱，直接影响到系统的应用范围，也是衡量地理信息系统功能强弱的标准。

（五）应用模型的构建方法

由于地理信息系统应用范围越来越广，不同的学科、专业都有各自的分析模型，一个地理信息系统软件不可能涵盖所有与地学相关学科的分析模型，这是共性与个性的问题。因此，地理信息系统除了应该提供上述的基本空间分析功能外，还应提供构建专业模型的手段，这可能包括提供系统的宏语言、二次开发工具、相关控件或数据库接口等。

（六）结果显示与输出

数据显示是指中间处理过程和最终结果的屏幕显示，通常用人机对话方式选择显示对象和形式，对于图形数据可根据要素的信息量和密集度选择放大和缩小显示。

数据输出是 GIS 的产品通过输出设备（包括显示器、绘图机和打印机等）输出。GIS 不仅可以输出全要素地图，还可以根据用户需要，分层输出各种专题地图、各类统计图、图表、数据和报告，为了突出效果，有时需要三维虚拟显示。一个好的地理信息系统应能提供一种良好的、交互式的制图环境，以供地理信息系统的使用者能够设计和制作出高品质的地图。

四、GIS 在水利工程建设方面的应用

将 GIS 应用于水利水电工程建设，以信息的数字化、直观化、可视化为出发点，可以将复杂施工过程用动画图像形象地描绘出来，为全面、准确、快速地分析掌握工程施工全过程提供有力的分析工具，实现工程信息的高效应用与科学管理，以及设计成果的可视化表达，进而为决策与设计人员提供直观形象的信息支持。这给施工组织设计与决策提供了一个科学简便、形象直观的可视化分析手段，有助于推动水利水电设计工作的智能化、现代化发展，极大地提高工程设计与管理的现代化水平，促进工程设计界的"设计革命"。

（一）GIS 应用于水利水电工程施工总布置可视化动态演示系统

GIS 具有图形数据库和属性数据库这种特有混合数据库设计结构，图形数据库主要是存放各种专题图及组成它们的所有图素，并根据需要将不同性质的图素放在不同的图层上，以便今后查询或进行图层叠加分析；属性数据库主要用来存放描述图素的属性数据。空间数据和属性数据通过唯一标识码使描述图素的属性数据与其图素建立一一对应的关系。

以 GIS 软件为平台，建立数字化地形，构建施工场地布置系统中各系统部件的三维数字化模型。系统部件的数据信息与其他相关信息，通过映射关系联耦合性。GIS 中信息的可视化组织表现在对系统数据库的操作及管理，可以使施工生产管理者对工程进展情况有一个全面直观的了解。内容包括以下方面：显示枢纽施工总布置三维全景；演示枢纽施工全过程三维动态形象；基于三维枢纽布置模型实现枢纽布置的各种信息的可视化查询；枢纽施工全过程总体施工强度的实时统计及统计结果动态的柱状图显示；枢纽工程主要建筑物施工全过程动态演示。

（二）GIS 在水利水电工程混凝土坝施工中的应用

混凝土坝施工过程复杂，混凝土坝的浇筑量大，坝块的数量很多，而且坝块的施工受到诸多条件的限制，以手工方式安排每个坝块的施工顺序和施工进度是相当困难的，进而影响到整个水利水电工程的进度和费用。而利用 GIS 强大的空间信息处理能力来表现混凝土坝

的复杂施工过程具有极大优越性，将 GIS 与系统仿真技术相结合，利用 GIS 特有的空间数据可视化组织结构，使系统仿真应用模型与 GIS 系统之间在原始数据采集及模拟数据的可视化表达这两个阶段实现彼此数据的交换和共享，通过仿真的可视化监测混凝土坝施工过程，不仅能够得到坝块浇筑顺序、施工浇筑强度等指标，而且通过三维画面描述复杂的施工过程，提高了混凝土坝施工组织设计和管理的现代化水平。

（三）GIS 应用于施工导截流三维动态可视化

采用 GIS 软件系统与其他平台结合的集成模式与扩展连接模式开发施工导截流三维动态可视化仿真系统。用 VC++、VB 等开发调洪演算、日径流模拟、导流实时风险率计算等模块，监测数据在 GIS 平台和 VC++、VB 等平台间简便迅速地传递，通过 Windows 的 DDE 技术将数据传递给这些模块，模拟所得的数据再传回 GIS 平台，以图形、报表的形式输出，使 GIS 强大的数据库管理图形显示输出能力在这种开发模式中得到充分利用。

通过系统分解，对各子系统分别进行仿真计算和图形建模，形成初始图形数据库，各个子系统的图形在 GIS 中以专题图的形式存放，通过相对应的属性，实现图形和属性信息的对应联系，借助 GIS 强大的空间查询能力可以方便地查询任意时刻施工面导流面貌及其相应的信息。

（四）GIS 在水利工程设计中的应用

在水利工程设施的设计过程中，可以将 GIS 中的地形信息与地质技术资料和水文资料相结合，为工程选址提供技术支持。

（五）GIS 在水利水电地质工程中的运用

GIS 技术可自动制作平面图、柱状图、剖面图和等值线图等工程地质图件，还能处理图形、图像、空间数据及相应的属性数据的数据库管理、空间分析等问题，将 GIS 技术应用于工程地质信息管理和制图输出是近几年工程地质勘查行业的主要趋势。

第四节　遥感技术

一、遥感概述

遥感技术是 20 世纪 60 年代兴起并迅速发展起来的一门综合性探测技术。它是在航空摄影测量的基础上，随着空间技术、电子计算机技术等当代科技的迅速发展，以及地学、生物学等学科发展的需要，发展形成的一门新兴技术学科。从以飞机为主要运载工具的航空遥感，发展到以人造地球卫星、宇宙飞船和航天飞机为运载工具的航天遥感，大大地扩展了人们的观察视野及观测领域，形成了对地球资源和环境进行探测和监测的立体观测体系。

遥感已成为地球系统科学、资源科学、环境科学、城市科学和生态学等学科研究的基本支撑技术，并逐渐融入现代信息技术，是信息科学的主要组成部分。近年来，随着对遥感基础理论研究的重视，遥感技术正在逐渐发展成为一门综合性的新兴交叉学科——遥感科学与技术。

（一）遥感的概念

遥感（Remote Sensing），字面意思是遥远的感知。从广义上说是泛指从远处探测、感知物体或事物的技术，即不直接接触物体本身，从远处通过仪器（传感器）探测和接收来自目标物体的信息（如电场、磁场、电磁波、地震波等信息），经过信息的传输、加工处理及分析解译，识别物体和现象的属性及其空间分布等特征与变化规律的理论和技术。

狭义的遥感是指空对地的遥感，即从远离地面的不同工作平台上（如高塔、气球、飞机、火箭、人造地球卫星、宇宙飞船、航天飞机等），通过传感器，对地球表面的电磁波（辐射）信息进行探测，并经信息的传输、处理和判读分析，对地球的资源与环境进行探测和监测的综合性技术。

当前遥感形成了一个从地面到空中，乃至空间，从信息数据收集、处理到判读分析和应用，对全球进行探测和监测的多层次、多视角、多领域的观测体系，成为获取地球资源与环境信息的重要手段。

（二）遥感的主要特点

1. 宏观观测、大范围获取数据资料

采用航空或航天遥感平台获取的航空照片或卫星影像比在地面上获取的观测视域范围大得多。

例如，航空照片可提供不同比例尺的地面连续景观照片，并可供照片的立体观测，图像清晰逼真、信息丰富。一张比例尺 1：35 000 的 23cm×23cm 的航空照片，可展示出地面约 60km² 范围的地面景观实况，并且可将连续的照片镶嵌成更大区域的照片图，以便纵观全区进行分析和研究。卫星图像的感测范围更大，一幅陆地卫星 TM 图像可反映出 34 225km²（BP 185km×185km）的景观实况。我国全境仅需 500 余张这种图像，就可拼接成全国卫星影像图。可见遥感技术可以实现大范围对地宏观监测，为地球资源与环境的研究提供重要的数据源。

2. 技术手段多且先进，可获取海量数据

遥感是现代科技的产物，它不仅能获得地物可见光波段的信息，而且可以获得紫外、红外、微波等波段的信息。不但能用摄影方式获得信息，而且可以用扫描方式获得信息。遥感所获得的信息量远远超过了用常规传统方法所获得的信息量。这无疑扩大了人们的观测范围和感知领域，加深了对事物和现象的认识。

例如，微波具有穿透云层、冰层和植被的能力；红外线则能探测地表温度的变化等，因而遥感使人们对地球的监测和对地物的观测达到多方位和全天候。

3. 获取信息快，更新周期短，具有动态监测特点

遥感通常为瞬时成像，可获得瞬间大面积区域的景观状况，现实性好；而且可通过不同时相取得的资料及照片进行对比、分析和研究地物动态变化的情况，为环境监测以及研究分析地物发展演化规律奠定基础。

例如，Landsat TM 星 4/5 每 16d 即可对全球陆地表面成像一遍，NOAA 气象卫星甚至可每天收到两次覆盖地球的图像。因此，可及时发现病虫害、洪水、污染、火山和地震等自然灾害前兆，为灾情的预报和抗灾救灾工作提供可靠的科学依据和资料。

4. 应用领域广泛，经济效益高

遥感已广泛应用于农业、林业、地质矿产、水文、气象、地理、测绘、海洋研究、军事侦察及环境监测等领域，随着遥感图像的空间、时间和光谱分辨率的提高，以及与 GIS 和 GPS 的结合，它将会深入很多学科中，应用领域将更广泛，对地观测技术也会随之进入一个更高的发展阶段。同传统方法相比，遥感已经显示出其优越性。

（三）遥感的分类

由于分类标志的不同，遥感的分类有多种。

1. 按照遥感平台的分类

遥感技术根据所使用的平台不同，可分为如下三种：

①地面遥感。平台与地面接触，对地面、地下或水下所进行的遥感和测试，常用的平台为汽车、船舰、三脚架和塔等，地面遥感是遥感的基础。

②航空遥感。平台为飞机或气球，是从空中对地面目标的遥感，其特点为灵活性大、图像清晰、分辨率高等。航空遥感历史悠久，形成了较完整的理论和应用体系，还可以进行各种遥感试验和校正工作。

③航天遥感。以卫星、火箭和航天飞机为平台，从外层空间对地球目标所进行的遥感。其特点是高空对地观测，系统收集地表及其周围环境的各种信息，形成影像，便于宏观观测研究各种自然现象和规律；能对同一地区周期性地重复成像，发现和掌握自然界的动态变化和运动规律；能够迅速地获取所覆盖地球的各种自然现象的最新资料。

2. 根据电磁波波谱的分类

①可见光遥感。只收集和记录目标物反射的可见光辐射能量，所用传感器有摄影机、扫描仪和摄像仪等。

②红外遥感。收集和记录目标物发射或反射的红外辐射能量，所用传感器有摄影机和扫描仪等。

③微波遥感。收集和记录目标发射或反射的微波能量，所用传感器有扫描仪、微波辐射计、雷达等。

④多光谱遥感。把目标物辐射来的电磁波辐射分割成若干个狭窄的光谱带，然后同步观测，同时得到一个目标物的不同波段的多幅图像，常用的传感器为多光谱摄影机和多光谱扫描仪等。

⑤紫外遥感。收集和记录目标物的紫外辐射量,目前还在探索阶段。

3. 根据电磁波辐射能源的分类

①被动遥感。利用传感器直接接收来自地物反射自然辐射源(如太阳)的电磁辐射或自身发出的电磁辐射而进行的探测。光学摄影亦指通常的摄影,即将探测接收到的地物电磁波依据深浅不同的色调直接记录在感光材料上。扫描方式是将所探测的视场(或地物)划分为面积相等按顺序排列的像元,传感器则按顺序以每个像元为探测单元记录其电磁辐射强度,并经转换、传输、处理,或转换成图像显示在屏幕上。

②主动遥感。主动遥感是指传感器带有能发射信号(电磁波)的辐射源,工作时向目标物发射,同时接收目标物反射或散射回来的电磁波,以此进行的探测,如雷达等。

4. 根据应用目的的分类

根据用户的具体应用情况,将遥感分为地质遥感、农业遥感、林业遥感、水利遥感、环境遥感和军事遥感等。

5. 根据遥感资料的成像方式

①成像方式(或称图像方式)就是将所探测到的强弱不同的地物电磁波辐射(反射或发射),转换成深浅不同的(黑白)色调构成直观图像的遥感资料形式,如航空相片、卫星图像等。

②非成像方式(或非图像方式)则是将探测到的电磁辐射(反射或发射),转换成相应的模拟信号(如电压或电流信号)或数字化输出,或记录在磁带上而构成非成像方式的遥感资料,如陆地卫星、CCT 数字磁带等。

二、遥感过程及其技术系统

(一)遥感过程

遥感过程包括遥感信息源的物理性质、分布及其运动状态,环境背景以及电磁波光谱特性,大气的干扰和大气窗口,传感器的分辨能力,性能和信噪比,图像处理及识别以及人们视觉生理和心理及其专业素质等。遥感过程主要通过地物波谱测试与研究、数理统计分析、模式识别、模拟试验方法以及地学分析等方法来完成。通常由五部分组成,即被测地物的信息源、信息的获取、信息的传输与记录、信息处理和信息的应用。因此说遥感是一个接收、传送、处理和分析遥感信息,并最后识别目标的复杂技术过程,主要包括以下四个部分:

1. 遥感试验

其主要工作是对地物电磁辐射特性(光谱特性)以及信息的获取、传输及其处理分析等技术手段的试验研究。

遥感试验是整个遥感技术系统的基础,遥感探测前需要遥感试验提供地物的光谱特性,以便选择传感器的类型和工作波段;遥感探测中及处理时,又需要遥感试验提供各种校正所需的有关信息和数据。遥感试验也可为判读应用奠定基础,遥感试验在整个遥感过程中起着承上启下的重要作用。

2. 遥感信息获取

遥感信息获取是遥感技术系统的中心工作。遥感工作平台以及传感器是确保遥感信息获取的物质保证。

3. 遥感信息处理

遥感信息处理是指通过各种技术手段对遥感探测所获得的信息进行的各种处理。例如，为了消除探测中各种干扰和影响，使其信息更准确、可靠而进行的各种校正（辐射校正、几何校正等）处理，其目的是使所获遥感图像更清晰，以便识别和判读；提取信息而进行的各种增强处理等是为了确保遥感信息应用时的质量和精度，便于充分发挥遥感信息的应用潜力。

4. 遥感信息应用

遥感信息应用是遥感的最终目的。遥感应用则应根据专业目标的需要，选择适宜的遥感信息及其工作方法进行，以取得较好的社会效益和经济效益。

（二）遥感技术系统

遥感技术系统是一个从地面到空中直至空间，从信息收集、存储、传输处理到分析判读、应用的完整技术体系，由遥感平台、传感器、数据接收与处理系统、遥感资料分析与解译系统组成。其中遥感平台、传感器和数据接收与处理系统是决定遥感技术应用成败的三个主要技术因素，并且遥感过程实施的技术保证依赖于遥感技术系统，所以遥感分析应用工作者必须对它们有所了解和掌握。

1. 遥感平台

在遥感中搭载遥感仪器的工具或载体，是遥感仪器赖以工作的场所，平台的运行特征及其姿态稳定状况直接影响到遥感仪器的性能和遥感资料的质量，目前主要遥感平台有飞机、卫星和火箭等。

2. 传感器

传感器是收集、记录和传递遥感信息的装置，目前应用的传感器主要有摄影机、摄像仪、扫描仪、雷达等。其中平台和传感器代表着遥感技术的水平。

3. 数据接收处理系统

地面接收站由地面数据接收和记录系统、图像数据处理系统两部分组成。接收系统的任务是接收、处理、存档和分发各类遥感卫星数据，并进行卫星接收方式、数据处理方法及相关技术的研究，其生产运行系统主要包括接收站、数据处理中心和光学处理中心。遥感图像处理系统主要的任务是将数据接收和记录系统记录在磁带上的视频图像信息和数据，进行加工处理和存储，最后根据用户的要求，制成一定规格的图像胶片和数据产品，作为商品提供给用户。

4. 遥感资料分析解译系统

用户得到的遥感资料，是经过预处理的图像胶片或数据，然后根据各自的应用目的，对这些资料进行分析、研究、判读与解译,从中提取有用信息,并将其转化。

三、遥感处理技术

在遥感图像处理与分析中,预处理是基本的影像操作。图像校正是从具有畸变的图像中消除畸变的处理过程,消除几何畸变的称为几何校正;消除辐射量失真的称为辐射校正。另外,为更好地分析和使用遥感数字图像,还需要对遥感图像进行图像增强、过滤、变换和特征提取等处理,进而能够准确地提取和获取所需要的信息。

(一)遥感图像几何校正

遥感图像在获取过程中,因传感器、遥感平台以及地球本身等导致原始图像上各地物的几何位置、形状、尺寸和方位等特征与参照系统中的表达不一致,就产生了几何变形,这种变化称为几何畸变。

图像的几何校正(geometric correction)是指从具有几何畸变的图像中消除畸变的过程。也可以说是定量地确定图像的像元坐标(图像坐标)与目标物的地理坐标(地图坐标等)的对应关系(坐标变换式)。图像的几何校正步骤大致如下。

①确定校正方法。考虑到图像中所含的几何畸变的性质及可应用于校正的数据确定校正的方法。

②确定校正式。确定校正式(图像坐标和地图坐标的变换式等)的结构,根据控制点(参照补充说明)数据等求出校正式的参数。

③验证校正方法、校正式的有效性。检查几何畸变能否充分得到校正,探讨校正式的有效性。当判断为无效时,则对新的校正式(校正方法)进行探讨,或对校正中所用的数据进行修改。

④重采样、内插。为了使校正后的输出图像的配置与输入图像相对应,利用所采用的校正式,对输入图像的图像数据重新排列。在重采样中,由于所计算的对应位置的坐标不是整数值,所以必须通过对周围的像元值进行内插来求出新的像元值。

(二)遥感图像辐射校正

由于传感器相应特性和大气吸收、反射以及其他随机因素影响,导致图像模糊失真,造成图像的分辨率和对比度下降。为了正确评价目标物的反射特性及辐射特性,为遥感图像的识别、分类和解译等后续工作打下基础,必须消除这些辐射失真。消除遥感图像总依附在辐射亮度中的各种失真的过程称为辐射校正。辐射校正包括如下内容。

1. 系统辐射校正

由传感器本身引起的误差,会导致图像接收的不均匀,会产生条纹和"噪声"。一般而言,这些误差在数据生产过程中,由生产单位根据传感器参数进行校正,不需要用户进行校正。

2. 太阳辐射引起的畸变校正

太阳高度角引起的畸变正是将太阳光线斜照时获取的图像校正为太阳光线垂直照射时

获取的图像,太阳高度角可根据成像时间、季节和地理位置来确定。

3. 大气校正

太阳光在到达地表的目标物之前会由于大气中物质的吸收、散射而衰减。同样,来自目标物的反射、辐射光在到达遥感器前也会被吸收、散射。地表除受到直接来自太阳的光线(直达光)照射外,也受到大气引起的散射光的照射。同样,入射到遥感器上的除来自目标物的反射、散射光以外,还有大气的散射光。消除这些由大气引起的影响的处理过程称为大气校正。大气校正方法大致可分为利用辐射传递方程式方法、利用地面实况数据的方法以及其他方法。

（三）遥感图像增强与变换

图像增强与变换的目标是突出相关的专题信息,提高图像的视觉效果,使分析者更容易识别图像的内容,从图像中提取更有用的定量化的信息。图像增强与变换通常都在图像校正和重建后进行,特别是必须消除原始图像中的各种噪声。

图像增强的主要目的是改变图像的灰度等级,提高图像对比度;消除边缘和噪声,平滑图像;突出边缘或线状地物,锐化图像;合成彩色图像;压缩图像数据量,突出主要信息等。图像增强与变换的主要方法有空间域增强、频率域增强、彩色增强、多图像代数运算和多光谱图像变换等。

（四）遥感图像分类

遥感图像是通过亮度值的高低差异(反映地物的光谱信息)以及空间变化(反映地物的空间信息)来表达不同的地物。遥感图像分类就是利用计算机对遥感图像中的各类地物的光谱信息和空间信息进行分析,选择作为分类判别的特征,用一定的手段将特征空间分为互不重叠的子空间,然后将图像中的各个像元规划到子空间中区。

遥感图像分类是将图像的所有像元按照其性质分为若干个类别的技术过程,传统的图像分类有两种方式:监督分类和非监督分类。

1. 监督分类

监督分类是一种有先验类别标准的分类方法。首先要从欲分类的图像区域中选定一些训练样区,在这些训练区中地物的类别是已知的,通过学习来建立标准,然后计算机将按照同样的标准对整个图像进行识别和分类。它是一种由已知样本外推到未知区域类别的方法。这种方法是事先知道图像中包含哪几类地物类别。

常用监督分类方法有最小距离分类、平行多面体分类和最大似然分类等。

2. 非监督分类

非监督分类是一种无先验类别标准的分类方法。对于研究区域的对象而言,没有已知的类型或训练样本为标准,而是利用图像数据本身能在特征测量空间中聚集成群的特点,先形成各个数据集,然后核对这些数据集所代表的地物类别。当图像中包含的目标不明确或没有先验确定的目标时,则需要将像元进行先聚类,用聚类方法将遥感数据分割成比较均匀的数据群,把它们作为分类类别,在此类别的基础上确定其特征量,继而进行类别总体特征的测量。非监督分类不需要对研究区域的地物事先有所了解,根据地物的光谱统计特性进行分类。

常用非监督分类方法有聚类分析技术、K 均值聚类法和 ISODATA 分类法等。

遥感图像分类新方法有决策树法、模糊聚类法和神经网络法等。

四、RS 在水利工程建设中的应用

遥感技术是指从远距离高空及外层空间的各种平台上利用光学或者电子光学,通过接收地面反射或接收的电磁波信号并以图像或数据磁带形式记录下来,传送到地面,经过信息处理、判读分析与野外实地验证,最终服务于资源勘测、环境动态监测与有关部门的规划决策。遥感技术在 20 世纪 70 年代开始用于水利。

(一)遥感技术应用于水利工程管理

RS 的特定波段对植被及植被水分和土壤水分敏感,热红外遥感对温度敏感,可以通过监测库区周围植被及植被水分和土壤水分、局部地区昼夜温度与其周围地区的差异检测库区是否渗漏及渗漏的位置。多波干涉雷达经差分处理可达到亚厘米级精度,可以监测大范围的地面沉降。通过多时相的遥感数据叠加分析监测工程周边的环境变化,以对水利水电工程建设对环境的影响做出科学准确的评价,以及分析上游植被破坏引起水土流失并在库区淤积及上游降雨增减和冰雪消涨对库容的影响。将这些测量数据输入 GIS 系统,对地质灾害的形成、发展趋势及发展速度实时分析,超过阈值自动报警,以及时制订防治措施。

(二)遥感技术应用于径流预测与对策

在径流预测与对策系统中,可根据暴雨预测情况,运用近期的多分辨率遥感影像数据和地理信息系统中的数字地形、地质岩性与构造、土地利用与土地覆盖数据进行"径流下垫面"分析,做出径流预测。

(三)遥感技术应用于洪水监测

在洪水监测系统中,可以利用洪水期不同时间的高分辨率遥感影像数据、流域各测站的监测数据和 GIS 中已有的矢量数字地图数据进行叠加分析,获得流域洪水动态信息(相对警戒水位),为调控系统决策提供依据或参考。

(四)遥感技术应用于水深、冲淤变化分析

在研究河床冲淤时,常常因实测资料遗缺无法进行系统分析和比较。在缺乏某一阶段实测资料的情况下,可利用历史阶段遥感资料推求出水深,从而实现冲淤分析的目的。若将 GIS 与水深遥感技术相结合,可实现水下地形图数字化,也可以很方便地得到所测水域不同时段、不同冲刷深度(或淤积厚度)的冲淤分布。

第 六 章 水利工程施工质量控制

在水利工程建设中,质量管理和控制是难点,也是重点。在影响工程质量的诸多因素中,施工单位的质量管理是主体。业主及管理各方,要为施工创造必要的质量保证条件。业主制、监理制和招标投标制是一整套建设制度,不可偏废。各方要找准自己的位置,改变观念,做好自己的分内工作并相互协调。

水利工程建设中所遇到的困难,往往不表现在技术或规模上,而在质量控制方面。水利工程施工最突出的问题是不正规,一切因陋就简。质量、进度、投资三要素之间是互相矛盾又统一的,不正常地偏重于某一点,必然伤害其他目标,失控的目标反过来又必将制约所强调的目标。在理论上,质量、进度、投资是等边三角形的三条边,而在实际操作中,不同阶段必然有不同的侧重。实践证明,任何情况下,以质量为中心的三大控制都是正确的运作方法。好的质量是施工中做出来的,而不是事后检查出来的。

第一节 质量管理与质量控制

一、质量管理与质量控制的关系

(一)质量管理

1. 按照《质量管理体系标准》的定义,质量管理是指确立质量方针及实施质量方针的全部职能及工作内容,并对其工作效果进行评价和改进的一系列工作。

2. 按照质量管理的概念,组织必须通过建立质量管理体系实施质量管理。其中,质量方针是组织最高管理者的质量宗旨、经营理念和价值观的反映。在质量方针的指导下,通过质量管理手册、程序性管理文件、质量记录的制定,并通过组织制度的落实、管理人员与资源的配置、质量活动的责任分工与权限界定等,形成组织质量管理体系的运行机制。

(二)质量控制

1. 根据《质量管理体系标准》中质量术语的定义,质量控制是质量管理的一部分,是致力于满足质量要求的一系列相关活动。由于建设工程项目的质量要求是由业主(或投资者、项目法人)提出的,即建设工程项目的质量总目标,是业主的建设意图通过项目策划,包括项目的定义及建设规模、系统构成、使用功能和价值、规格档次标准等的定位策划和目标决策来确定的。因此,在工程勘察设计、招标采购、施工安装、竣工验收等各个阶段,项目关系人均应围绕着满足业主要求的质量总目标而展开。

(2)质量控制所致力的一系列相关活动,包括作业技术活动和管理活动。产品或服务质量的产生,归根结底是由作业技术过程直接形成的。因此,作业技术方法的正确选择和作业技术能力的充分发挥,就是质量控制的关键点,它包含了技术和管理两个方面。必须认识到,组织或人员具备相关的作业技术能力,只是产出合格产品或服务质量的前提,在社会化大生产条件下,只有通过科学的管理,对作业技术活动过程进行组织和协调,才能使作业技术能力得到充分发挥,实现预期的质量目标。

(3)质量控制是质量管理的一部分而不是全部。两者的区别在于概念、职能范围和作用均不同。质量控制是在明确的质量目标和具体的条件下,通过行动方案和资源配置的计划、实施、检查和监督,进行质量目标的事前预控、事中控制和事后纠偏控制,实现预期质量目标的系统过程。

二、质量控制的基本原理

质量控制的基本原理是运用全过程质量管理的思想和动态控制的原理,进行的事前质量预控、事中质量控制和事后质量控制。

(一)事前质量预控

事前质量预控就是要求预先进行周密的质量计划,包括质量策划、管理体系、岗位设置,把各项质量职能活动,包括作业技术和管理活动建立在能力充分、有条件保证和运行机制的基础上。对于建设工程项目,尤其施工阶段的质量预控,就是通过施工质量计划、施工组织设计或施工项目管理设施规划的制订过程,运用目标管理的手段,实施工程质量事前预控,或称为质量的计划预控。

事前质量预控必须充分发挥组织的技术和管理方面的整体优势,把长期形成的先进技术、管理方法和经验智慧,创造性地应用于工程项目中。

事前质量预控要求针对质量控制对象的控制目标、活动条件、影响因素进行周密分析,找出薄弱环节,制订有效的控制措施和对策。

(二)事中质量控制

事中质量控制也称作业活动过程质量控制,是指质量活动主体的自我控制和他人监控的控制方式。自我控制是第一位的,即作业者在作业过程中对自己质量活动行为的约束和技术能力的发挥,以完成预定质量目标的作业任务;他人监控是指作业者的质量活动过程和结果,接受来自企业内部管理者和企业外部有关方面的检查检验,如工程监理机构、政府质量监督部门等的监控。事中质量控制的目标是确保工序质量合格,杜绝质量事故发生。

由此可知,质量控制的关键是增强质量意识,发挥操作者的自我约束、自我控制能力,即坚持质量标准是根本的,他人监控是必要的补充,没有坚持质量标准或用他人监控取代坚持质量标准的行为都是不正确的。因此，有效进行过程质量控制，就在于创造一种过程控制的机制和活力。

（三）事后质量控制

事后质量控制也称为事后质量把关，以使不合格的工序或产品不进入后道工序、不流入市场。事后质量控制的任务就是对质量活动的结果进行评价、认定，对工序质量的偏差进行纠正，对不合格的产品进行整改和处理。

从理论上来讲，对于建设工程项目，计划预控过程所制订的行动方案考虑得越周密，事中自控能力越强、监控越严格，实现质量预期目标的可能性就越大。理想的状态就是各项作业活动都"一次交验合格率达100%"。但要达到这样的管理水平和质量形成能力是相当不容易的，即使坚持不懈地进行努力，也还可能有个别工序或分部分项施工质量会出现偏差，这是因为在作业过程中不可避免地会存在一些难以预料的因素，如系统因素和偶然因素等。

建设工程项目质量的事后控制，具体体现在施工质量验收各个环节的控制方面。

以上系统控制的三大环节，不是孤立和截然分开的，它们之间构成有机的系统过程，实质上也就是质量管理PDCA循环的具体化，并在每一次滚动循环中不断提高，以达到质量管理和质量控制的持续改进。

第二节　建设工程项目质量控制系统

一、建设工程项目质量控制系统的构成

建设工程项目质量控制系统，在实践中有多种叫法，常见的有质量管理体系、质量控制体系、质量管理系统、质量控制网络、质量管理网络、质量保证系统等。对于质量管理体系、技术管理体系和质量保证体系，应审核这些内容：质量管理、技术管理和质量保证的组织机构；质量管理、技术管理制度；专职管理人员和特种作业人员的资格证、上岗证。

由此可见，上述规范中已经使用了"质量管理体系""技术管理体系""质量保证体系"三个不同的体系名称。建设工程项目的现场质量控制，除承包单位和监理机构外，业主、分包商及供货商的质量责任和控制职能也必须纳入工程项目的质量控制系统内。因此，无论这个系统名称为何，其内容和作用都是一致的。需要强调的是，要正确理解这类系统的性质、范围、结构、特点以及建立和运行的原理并加以应用。

（一）项目质量控制系统的性质

建设工程项目质量控制系统既不是建设单位的质量管理体系或质量保证体系，也不是工程承包企业的质量管理体系或质量保证体系，而是建设工程项目目标控制的一个工作系统，其具有下列性质。

（1）建设工程项目质量控制系统是以工程项目为对象，由工程项目实施的总组织者负责建立的面向对象开展质量控制的工作体系。

（2）建设工程项目质量控制系统是建设工程项目管理组织的一个目标控制体系，它与项目投资控制、进度控制、职业健康安全与环境管理等目标控制体系，共同依托于同一项目管理的组织机构。

（3）建设工程项目质量控制系统根据工程项目管理的实际需要而建立，随着建设工程项目的完成和项目管理组织的解体而消失，因此是一个一次性的质量控制工作体系，它不同于企业的质量管理体系。

（二）项目质量控制系统的范围

建设工程项目质量控制系统的范围包括：按项目范围管理的要求，列入系统控制的建设工程项目构成范围；项目实施的任务范围，即由工程项目实施的全过程或若干阶段进行定义；项目质量控制所涉及的责任主体范围。

1. 系统涉及的工程范围

系统涉及的工程范围，一般根据项目的定义或工程承包合同来确定。具体来说可能有以下三种情况：

①建设工程项目范围内的全部工程。

②建设工程项目范围内的某一单项工程或标段工程。

③建设工程项目某单项工程范围内的一个单位工程。

2. 系统涉及的任务范围

建设工程项目质量控制系统服务于建设工程项目管理的目标控制，因此其质量控制的系统职能应贯穿于项目的勘察、设计、采购、施工和竣工验收等各个实施环节，即建设工程项目全过程质量控制的任务或若干阶段承包的质量控制任务。

3. 系统涉及的主体范围

建设工程项目质量控制系统所涉及的质量责任自控主体和监控主体，通常情况下包括建设单位、设计单位、工程总承包企业、施工企业、建设工程监理机构、材料设备供应厂商等。这些质量责任和控制主体，在质量控制系统中的地位和作用不同。承担建设工程项目设计、施工或材料设备供货的单位，具有直接的产品质量责任，属质量控制系统中的自控主体；在建设工程项目实施过程中，对各质量责任主体的质量活动行为和活动结果实施监督控制的组织，称为质量监控主体，如业主、项目监理机构等。

（三）项目质量控制系统的结构

建设工程项目质量控制系统，一般情况下会形成多层次、多单元的结构形态，这是由其实施任务的委托方式和合同结构所决定的。

1. 多层次结构

多层次结构是相对于建设工程项目工程系统纵向垂直分解的单项、单位工程项目质量控制子系统而言的。在大中型建设工程项目,尤其是群体工程的建设工程项目中,第一层面的质量控制系统应由建设单位的建设工程项目管理机构负责建立,在委托代建、委托项目管理或实行交钥匙式工程总承包的情况下,应由相应的代建方项目管理机构、受托项目管理机构或工程总承包企业项目管理机构负责建立。第二层面的质量控制系统,通常是指由建设工程项目的设计总负责单位、施工总承包单位等建立的相应管理范围内的质量控制系统。第三层面及其以下是承担工程设计、施工安装、材料设备供应等各承包单位的现场质量自控系统,或称各自的施工质量保证体系。系统纵向层次机构的合理性是建设工程项目质量目标,是控制责任和措施分解落实的重要保证。

2.多单元结构

多单元结构是指在建设工程项目质量控制总体系统下,第二层面的质量控制系统及其以下的质量自控或保证体系可能有多个,这是项目质量目标、责任和措施分解的必然结果。

(四)项目质量控制系统的特点

如前所述,建设工程项目质量控制系统是面向对象而建立的质量控制工作体系,它和建筑企业或其他组织机构按照 GB/T19000 标准建立的质量管理体系有如下区别。

1.建立的目的不同。建设工程项目质量控制系统只用于特定的建设工程项目质量控制,而不是用于建筑企业或组织的质量管理。

2.服务的范围不同。建设工程项目质量控制系统涉及建设工程项目实施过程中的所有质量责任主体,而不只是某一个承包企业或组织机构。

3.控制的目标不同。建设工程项目质量控制系统的控制目标是建设工程项目的质量标准,并非某一具体建筑企业或组织的质量管理目标。

4.作用的时效不同。建设工程项目质量控制系统与建设工程项目管理组织系统相融合,是一次性的质量工作系统,并非永久性的质量管理体系。

5.评价的方式不同。建设工程项目质量控制系统的有效性一般由建设工程项目管理,以令组织者进行自我评价与诊断,不需进行第三方认证。

二、建设工程项目质量控制系统的建立

建设工程项目质量控制系统的建立,实际上就是建设工程项目质量总目标的确定和分解过程,也是建设工程项目各参与方之间质量管理关系和控制责任的确立过程。为了保证质量控制系统的科学性和有效性,必须明确系统建立的原则、内容、程序和主体。

(一)建立的原则

实践经验表明,建设工程项目质量控制系统的建立,遵循以下原则对质量目标的总体规划、分解和有效实施控制是非常重要的。

1.分层次规划的原则

建设工程项目质量控制系统的分层次规划,是指建设工程项目管理的总组织者(建设单

位或代建制项目管理企业）和承担项目实施任务的各参与单位，分别进行建设工程项目质量控制系统不同层次和范围的规划。

2. 总目标分解的原则

建设工程项目质量控制系统总目标的分解，是根据控制系统内工程项目的分解结构，将工程项目的建设标准和质量总体目标分解到各个责任主体，明示于合同条件，由各责任主体制订出相应的质量计划，确定其具体的控制方式和控制措施。

3. 质量责任制的原则

建设工程项目质量控制系统的建立，应按照建筑法和建设工程质量管理条例有关建设工程质量责任的规定，界定各方的质量责任范围和控制要求。

4. 系统有效性的原则

建设工程项目质量控制系统，应从实际出发，结合项目特点、合同结构和项目管理组织系统的构成情况，建立项目各参与方共同遵循的质量管理制度和控制措施，并形成有效的运行机制。

（二）建立的程序

工程项目质量控制系统的建立过程，一般可按以下环节依次展开工作。

1. 确立系统质量控制网络

明确系统各层面的建设工程质量控制负责人，一般应包括承担项目实施任务的项目经理（或工程负责人）、总工程师，项目监理机构的总监理工程师、专业监理工程师等，以形成明确的项目质量控制责任者的关系网络架构。

2. 制定系统质量控制制度

系统质量控制制度包括质量控制例会制度、协调制度、报告审批制度、质量验收制度和质量信息管理制度等。形成建设工程项目质量控制系统的管理文件或手册，作为承担建设工程项目实施任务各方主体共同遵循的管理依据。

3. 分析系统质量控制界面

建设工程项目质量控制系统的质量控制界面，包括静态界面和动态界面。静态界面根据法律法规、合同条件、组织内部职能分工来确定。动态界面是指项目实施过程设计单位之间、施工单位之间、设计与施工单位之间的衔接配合关系及责任划分，必须通过分析研究，才能确定管理原则与协调方式。

4. 编制系统质量控制计划

建设工程项目管理总组织者，负责主持编制建设工程项目总质量计划，根据质量控制系统的要求，部署各质量责任主体编制与其承担任务范围相符的质量计划，按规定程序完成质量计划的审批，并将其作为实施自身工程质量控制的依据。

（三）建立的主体

按照建设工程项目质量控制系统的性质、范围和主体的构成，一般情况下其质量控制系统应由建设单位或建设工程项目总承包企业的工程项目管理机构负责建立。在分阶段依次对勘察、设计、施工、安装等任务进行分别招标发包的情况下,通常应由建设单位或其委托的建设工程项目管理企业负责建立,各承包企业根据建设工程项目质量控制系统的要求,建立隶属于建设工程项目质量控制系统的设计项目、施工项目、采购供应项目等质量控制子系统(可称相应的质量保证体系),以具体实施其质量责任范围内的质量管理和目标控制。

三、建设工程项目质量控制系统的运行

建设工程项目质量控制系统的建立,为建设工程项目的质量控制提供了组织制度方面的保证。建设工程项目质量控制系统的运行,实质上就是系统功能的发挥过程,也是质量活动职能和效果的控制过程。然而,质量控制系统要能有效地运行,还有赖于系统内部的运行环境和运行机制的完善。

(一)运行环境

建设工程项目质量控制系统的运行环境,主要指以下几个方面。

1.建设工程的合同结构

建设工程合同是联系建设工程项目各参与方的纽带,只有在建设工程项目合同结构合理、质量标准和责任条款明确,并严格进行履约管理的条件下,质量控制系统的运行才能成为各方的自觉行动。

2.质量管理的资源配置

质量管理的资源配置包括专职的工程技术人员和质量管理人员的配置,以及实施技术管理和质量管理所必需的设备、设施、器具、软件等物质资源的配置。人员和资源的合理配置是质量控制系统得以运行的基础条件。

3.质量管理的组织制度

建设工程项目质量控制系统内部的各项管理制度和程序性文件的建立,为质量控制系统各个环节的运行提供必要的行动指南、行为准则和评价基准的依据,是系统有序运行的基本保证。

(二)运行机制

建设工程项目质量控制系统的运行机制,是由一系列质量管理制度安排所形成的内在能力。运行机制是质量控制系统的生命,机制缺陷是造成系统运行无序、失效和失控的重要原因。因此,在系统内部的管理制度设计时,必须予以高度重视,防止重要管理制度缺失、制度本身存在缺陷、制度之间有矛盾等现象出现,才能为系统的运行注入动力机制、约束机制、反馈机制和持续改进机制。

1.动力机制

动力机制是建设工程项目质量控制系统运行的核心机制,它来源于公正、公开、公平的竞争机制和利益机制的制度设计或安排。这是因为建设工程项目的实施过程是由多主体参与的价值增值链,只有保持供方及分供方等各方关系良好,才能形成合力。这是建设工程项目成功的重要保证。

2.约束机制

没有约束机制的控制系统是无法使工程质量处于受控状态的,约束机制取决于各主体内部的自我约束能力和外部的监控效力。约束能力表现为组织及个人的经营理念、质量意识、职业道德及技术能力的发挥;监控效力取决于建设工程项目实施主体外部对质量工作的推动和检查监督。两者相辅相成,构成了质量控制过程的制衡关系。

3.反馈机制

运行的状态和结果的信息反馈是对质量控制系统的能力和运行效果进行评价,并及时为处置提供决策依据。因此,必须有相关的制度安排,保证质量信息反馈及时和准确,保持质量管理者深入生产第一线,掌握第一手资料,才能形成有效的质量信息反馈机制。

4.持续改进机制

在建设工程项目实施的各个阶段,不同的层面、不同的范围和不同的主体间,应用PDCA循环原理,即计划、实施、检查和处置的方式展开质量控制,同时必须注重控制点的设置,加强重点控制和例外控制,并不断寻求改进机会、研究改进措施。这样才能保证建设工程项目质量控制系统不断完善和持续改进,从而不断提高质量控制能力和控制水平。

第三节　建设工程项目施工质量控制

建设工程项目的施工质量控制有两个方面的含义:一是指建设工程项目施工承包企业的施工质量控制,包括总包的、分包的、综合的和专业的施工质量控制;二是指广义的施工阶段建设工程项目质量控制,即除承包方的施工质量控制外,还包括业主的、设计单位、监理单位以及政府质量监督机构,在施工阶段对建设工程项目施工质量所实施的监督管理和控制。因此,从建设工程项目管理的角度来说,应全面理解施工质量控制的内涵,并掌握建设工程项目施工阶段质量控制的任务目标与控制方式、施工质量计划的编制、施工生产要素和作业过程的质量控制方法,熟悉施工质量控制的主要途径。

一、施工阶段质量控制的目标

(一)施工阶段质量控制的任务目标

建设工程项目施工质量的总目标,是实现由建设工程项目决策、设计文件和施工合同所决定的预期使用功能和质量标准。尽管建设单位、设计单位、施工单位、供货单位和监理机构等,在施工阶段质量控制的地位和任务目标不同,但从建设工程项目管理的角度来说,都是致力于实现建设工程项目的质量总目标。因此施工质量控制目标以及建筑工程施工质量验收依据,可具体表述如下。

1. 建设单位的控制目标

建设单位在施工阶段,通过对施工全过程、全面的质量监督管理、协调和决策,保证竣工项目达到投资决策所确定的质量标准。

2. 设计单位的控制目标

设计单位在施工阶段,通过对关键部位和重要施工项目施工质量验收签证、设计变更控制及解决施工中所发现的设计问题,采纳变更设计的合理化建议等,保证竣工项目的各项施工结果与设计文件(包括变更文件)所规定的质量标准相一致。

3. 施工单位的控制目标

施工单位包括职工总包和分包单位两方面,作为建设工程产品的生产者和经营者,应根据施工合同的任务范围和质量要求,通过全过程、全面的施工质量自控,保证最终能交付满足施工合同及设计文件所规定质量标准的建设工程产品。我国《建设工程质量管理条例》规定,施工单位对建设工程的施工质量负责;分包单位应当按照分包合同的约定对其分包工程的质量向总承包单位负责,总承包单位与分包单位对分包工程的质量承担连带责任。

4. 供货单位的控制目标

建筑材料、设备、构配件等供应厂商,应按照采购供货合同约定的质量标准提供货物及质量保证、检验试验单据、产品规格和使用说明书,以及其他必要的数据和资料,并对其产品的质量负责。

5. 监理单位的控制目标

建设工程监理单位在施工阶段,通过审核施工质量文件、报告报表及采取现场旁站、巡视、平行检测等形式进行施工过程质量监理,并应用施工指令和结算支付控制等手段,监控施工承包单位的质量活动行为、协调施工关系,正确履行对工程施工质量的监督责任,以保证工程质量达到施工合同和设计文件所规定的质量标准。我国《建筑法》规定,建设工程监理人员认为工程施工不符合工程设计要求、施工技术标准和合同约定的,有权要求建筑施工企业改正。

（二）施工阶段质量控制的方式

在长期建设工程施工实践中,施工质量控制的基本方式可以概括为自主控制与监督控制相结合的方式、事前预控与事中控制相结合的方式、动态跟踪与纠偏控制相结合的方式,以及这些方式的综合运用。

二、施工质量计划的编制方法

（一）施工质量计划的编制主体和范围

施工质量计划应由自控主体即施工承包企业进行编制。在平行承发包方式下,各承包单位应分别编制施工质量计划;在总分包模式下,施工总承包单位应编制总承包工程范围的施工质量计划,各分包单位编制相应分包范围的施工质量计划,将其作为施工总承包方质量计划的深化和组成部分。施工总承包方有责任对各分包施工质量计划的编制进行指导和审核,并承担相应施工质量的连带责任。

施工质量计划编制的范围,从工程项目质量控制的要求来说,应与建筑安装工程施工任务的实施范围相一致,以此保证整个项目建筑安装工程的施工质量总体受控;对具体施工任务承包单位而言,施工质量计划的编制范围,应能满足其履行工程承包合同质量责任的要求。建设工程项目的施工质量计划,应在施工程序、控制组织、控制措施、控制方式等方面,形成一个有机的质量计划系统,确保在项目质量总目标和各分解目标方面具备控制能力。

（二）施工质量计划的审批程序与执行

施工单位的项目施工质量计划或施工组织设计文件编成后应按照工程施工管理程序进行审批,施工质量计划的审批程序与执行包括施工企业内部的审批和项目监理机构的审查。

1.企业内部的审批

施工单位的项目施工质量计划或施工组织设计的编制与审批,应根据企业质量管理程序性文件规定的权限和流程进行。施工质量计划或施工组织计划通常由项目经理部主持编制,报企业组织管理层批准,并报送项目监理机构核准确认。

施工质量计划或施工组织设计文件的审批过程,是施工企业自主技术决策和管理决策的过程,也是发挥企业职能部门与施工项目管理团队智慧的过程。

2.监理工程师的审查

实施工程监理的施工项目时,按照我国建设工程监理规范的规定,施工承包单位必须填写施工组织设计(方案)报审表并附施工组织设计(方案),报送项目监理机构审查。相关规范规定,项目监理机构在工程开工前,总监理工程师应组织专业监理工程师审查承包单位报送的施工组织设计(方案)报审表,提出意见,经总监理工程师审核、签认后报建设单位。

3.审批关系的处理原则

正确执行施工质量计划的审批程序,是正确理解工程质量目标和要求,保证施工部署技术工艺方案和组织管理措施的合理性、先进性及经济性的重要环节,也是进行施工质量事前预控的重要方法。因此在执行审批程序时,必须正确处理施工企业内部审批和监理工程师审批的关系,其基本原则如下。

①充分发挥质量自控主体和监控主体的共同作用,在坚持项目质量标准和质量控制能力的前提下,正确处理承包人利益和项目利益之间的关系;施工企业内部的审批应从履行工程承包合同的角度出发,审查实现合同质量目标的合理性和可行性,以项目质量计划取得发包方的信任。

②施工质量计划在审批过程中,对监理工程师审查所提出的建议、希望、要求等是否采纳以及采纳的程度,应由负责质量计划编制的施工单位自主决定。在满足合同和相关法规要求的前提下,对质量计划进行调整、修改和优化,并承担相应执行结果的责任。

③经过按规定程序审查批准的施工质量计划，在实施过程中如因条件变化需要对某些重要决定进行修改，其修改内容仍应按照相应程序经过审批后方可执行。

（三）施工质量控制点的设置与实施

1.质量控制点的设置

施工质量控制点的设置，是根据工程项目施工管理的基本程序，结合项目特点，在制订项目总体质量计划后，列出各基本施工过程对局部和总体质量水平有影响的项目，作为具体实施的质量控制点。如高层建筑施工质量管理中，基坑支护与地基处理、工程测量与沉降观测、大体积钢筋混凝土施工、工程的防排水、钢结构的制作、焊接及检测、大型设备吊装及有关分部分项工程中必须进行重点控制的内容或部位，可列为质量控制点。

通过质量控制点的设定，质量控制的目标及工作重点就能更加明晰，事前质量预控的措施也就更加明确。施工质量控制点的事前质量预控工作包括：明确质量控制的目标与控制参数；制订技术规程和控制措施，如施工操作规程及质量检测评定标准；确定质量检查检验方式及抽样的数量与方法；明确检查结果的判断标准、质量记录与信息反馈要求等。

2.质量控制点的实施

施工质量控制点的实施主要通过控制点的动态设置和动态跟踪管理来实现。所谓动态设置，是指一般情况下在工程开工前、设计交底和图纸会审时，可确定一批整个项目的质量控制点，随着工程的展开、施工条件的变化，随时或定期进行控制点范围的调整和更新。动态跟踪是应用动态控制原理，落实专人负责跟踪和记录控制点质量控制的状态及效果，并及时向项目管理组织的高层管理者反馈质量控制信息，以保持施工质量控制点的受控状态。

三、施工生产要素的质量控制

施工生产要素是施工质量形成的物质基础，其质量的含义包括：作为劳动主体的施工人员，即直接参与施工的管理者、作业者的素质及其组织效果；作为劳动对象的建筑材料、半成品、工程用品、设备等的质量；作为劳动方法的施工工艺及技术措施的水平；作为劳动手段的施工机械、设备、工具、模具等的技术性能；施工环境，包括现场水文、地质、气象等自然环境，通风、照明、安全等作业环境以及协调配合的管理环境。

（一）劳动主体的控制

施工生产要素的质量控制中劳动主体的控制，包括工程各类参与人员的生产技能、文化素养、生理体能、心理行为等方面的个体素质及经过合理组织充分发挥其潜在能力的群体素质。因此，企业应通过择优录用、加强思想教育及技能方面的教育培训，合理组织、严格考核，并辅以必要的激励机制，使企业员工的潜在能力得到充分发挥，从而保证劳动主体能在质量控制系统中发挥主体自控作用。施工企业必须坚持对所选派的项目领导者、管理者进行质量意识教育和组织管理能力训练；坚持对分包商进行资质考核，对施工人员进行资格考核；坚持各工种按规定持证上岗制度。

（二）劳动对象的控制

原材料、半成品及设备是构成工程实体的基础，其质量是工程项目实体质量的组成部分。因此加强原材料、半成品及设备的质量控制，不仅是保证工程质量的必要条件，也是实现工程项目投资目标和进度目标的前提。要优先采用节能降耗的新型建筑材料，禁止使用国家明令淘汰的建筑材料。

对原材料、半成品及设备进行质量控制的主要内容为：控制材料设备性能、标准与设计文件的相符性；控制材料设备各项技术性能指标、检验测试指标与标准要求的相符性；控制材料设备进场验收程序及质量文件资料的齐全程度。

施工企业应在施工过程中贯彻执行企业质量程序文件中材料设备在封样、采购、进场检验、抽样检测及质保资料提交等方面一系列明确规定的控制标准。

（三）施工工艺的控制

施工工艺的衔接合理与否是直接影响工程质量、工程进度及工程造价的关键因素，施工工艺的合理可靠与否也直接影响工程施工的安全。因此，在工程项目质量控制系统中，制订和采用先进、合理、可靠的施工技术工艺方案，是工程质量控制的重要环节。对施工方案的质量控制主要包括以下内容。

（1）全面正确地分析工程特征、技术关键及环境条件等资料，明确质量目标、验收标准、控制点的重点和难点。

（2）制订合理有效的有针对性的施工技术方案和组织方案，施工技术方案包括施工工艺、施工方法，施工组织方案包括施工区段划分、施工流向及劳动组织等。

（3）合理选用施工机械设备和施工临时设施，合理布置施工总平面图和各阶段施工平面图。

（4）选用和设计保证质量与安全的模具、脚手架等施工设备。

（5）编制工程所采用的新材料、新技术、新工艺的专项技术方案和质量管理方案。

（四）施工设备的控制

（1）对施工所用的机械设备，包括起重设备、各项加工机械、专项技术设备、检查测量仪表设备及人货两用电梯等，应根据工程需要从设备选型、主要性能参数及使用操作要求等方面加以控制。

（2）对施工方案中选用的模板、脚手架等施工设备，除按适用的标准定型选用外，一般需按设计及施工要求进行专项设计，对其设计方案及制作质量的控制及验收应作为重点。

（3）按现行施工管理制度要求，工程所用的施工机械、模板、脚手架，特别是危险性较大的现场安装的起重机械设备，不仅要对其设计安装方案进行审批，而且安装完毕交付使用前必须经专业管理部门验收，合格后方可使用。同时，在使用过程中尚需落实相应的管理制度，以确保其安全正常使用。

（五）施工环境的控制

环境因素主要包括地质水文状况、气象变化及其他不可抗力因素，以及施工现场的通风、照明、安全卫生防护设施等劳动作业环境。环境因素对工程施工的影响一般难以避免，要消除其对施工质量的不利影响，主要是采取预测预防的控制方法。

（1）对地质水文等方面的影响因素的控制，应根据设计要求，分析基地地质资料，预测不利因素，并会同设计等采取相应的措施，如采取降水排水加固等技术控制方案。

（2）对气象方面的不利条件，应制订专项施工方案，明确施工措施，落实人员、器材等方面的各项准备工作以紧急应对，从而减轻其对施工质量的不利影响。

（3）环境因素造成的施工中断，往往也会对工程质量造成不利影响，必须通过加强管理、调整计划等措施加以控制。

四、施工过程的作业质量控制

施工质量控制是一个涉及面广泛的系统过程，除施工质量计划的编制和施工生产要素的质量控制外，施工过程的作业工序质量控制是工程项目实际质量形成的重要过程。

（一）施工作业质量的自控

1.施工作业质量自控的意义

施工作业质量的自控，从经营的层面来说，强调的是作为建筑产品生产者和经营者的施工企业，应全面履行质量责任，向顾客提供质量合格的工程产品；从生产过程来说，强调的是施工作业者的岗位质量责任，向后道工序提供合格的作业成果（中间产品）。因此，施工方是施工阶段质量的自控主体。施工方不能因为监控主体的存在和监控责任的实施而减轻或免除自身质量责任。我国《建筑法》《建设工程质量管理条例》规定：建筑施工企业对工程的施工质量负责；建筑施工企业必须按照工程设计要求、施工技术标准和合同的约定，对建筑材料、建筑构配件和设备进行检验，不合格的不得使用。

施工方作为工程施工质量的自控主体，既要遵循本企业质量管理体系的要求，也要根据其在所承建的工程项目质量控制系统中的地位和责任，通过具体项目质量计划的编制与实施，有效实现施工质量的自控目标。

2.施工作业质量的自控程序

施工作业质量的自控过程是由施工作业组织的成员进行的，其基本的控制程序包括施工作业技术交底、施工作业活动的实施和施工作业质量的检查以及专职管理人员的质量检查等。

（1）施工作业技术交底

技术交底是施工组织设计和施工方案的具体化，施工作业技术交底的内容必须具有可行性和可操作性。

从项目的施工组织设计到分部分项工程的作业计划，在实施之前必须逐级进行交底，其目的是使管理者的计划和决策意图为实施人员所理解。施工作业交底是最基层的技术和管理交底活动,施工总承包方和工程监理机构都要对施工作业交底进行监督。作业交底的内容包括作业范围、施工依据、作业程序、技术标准和要领、质量目标以及其他与安全、进度、成本、环境等目标管理有关的要求和注意事项。

（2）施工作业活动的实施

施工作业活动是由一系列工序组成的。为了保证工序质量受控,先要对作业条件进行再确认,即按照作业计划检查作业准备工作是否落实到位,其中包括对施工程序和作业工艺顺序的检查确认。在此基础上,严格按作业计划的程序、步骤和质量要求展开工序作业活动。

（3）施工作业质量的检验

施工作业的质量检查,是贯穿整个施工过程最基本的质量控制活动,包括施工单位内部的工序作业质量自检、互检、专检和交接检查,以及现场监理机构的旁站检查、平行检验等。施工作业质量检查是施工质量验收的基础,已完检验批及分部分项工程的施工质量,必须在施工单位完成质量自检并确认合格之后,才能报请现场监理机构进行检查验收。

前道工序作业质量经验收合格后,才可进入下道工序。未经验收合格的工序不得进入下道工序。

3. 施工作业质量自控的要求

工序作业质量是直接形成工程质量的基础,为达到对工序作业质量进行控制的效果,在加强工序管理和质量目标控制方面应坚持以下要求。

（1）预防为主

严格按照施工质量计划的要求,进行各分部分项施工作业的部署。同时,根据施工作业的内容、范围和特点,制订施工作业计划,明确作业质量目标和作业技术要领,认真进行作业技术交底,落实各项作业技术组织措施。

（2）重点控制

在施工作业计划中,一方面要认真贯彻实施施工质量计划中的质量控制点的控制措施;另一方面要根据作业活动的实际需要,进一步建立工序作业控制点,重点关注工序作业的控制重点。

（3）坚持标准

工序作业人员在工序作业过程中应严格进行质量自检,通过自检来不断改善作业,并创造条件开展作业质量互检,通过互检加强技术与经验交流。对已完工序作业产品,即检验批或分部分项工程,应严格坚持质量标准。对不合格的施工作业质量,不得进行验收签证,必须按照规定的程序进行处理。

《建筑工程施工质量验收统一标准》（GB50300—2013）及配套使用的专业质量验收规范,是施工作业质量自控的合格标准。有条件的施工企业或项目经理部应结合自身条件编制高于国家标准的企业内控标准或工程项目内控标准,或采用施工承包合同明确规定的更高标准,并将其列入质量计划中,以努力提升工程质量水平。

（4）记录完整

施工图纸、质量计划、作业指导书、材料质保书、检验试验及检测报告、质量验收记录等，是形成可追溯性质量保证的依据，也是工程竣工验收所不可或缺的质量控制资料。因此，对工序作业质量，应有计划、有步骤地按照施工管理规范的要求进行填写，做到及时、准确、完整、有效，并具有可追溯性。

4.施工作业质量自控的制度

根据实践经验的总结，施工作业质量自控的有效制度包括以下几个方面：

（1）质量自检制度。

（2）质量例会制度。

（3）质量会诊制度。

（4）质量样板制度。

（5）质量挂牌制度。

（6）每月质量讲评制度等。

（二）施工作业质量的监控

1.施工作业质量的监控主体

为了保证项目质量，建设单位、监理单位、设计单位及政府的工程质量监督部门，应在施工阶段依据法律法规和工程施工承包合同，对施工单位的质量行为和项目实体质量实施监督控制。

设计单位应当就审查合格的施工图纸设计文件向施工单位做出详细说明；应当参与建设工程质量事故分析，并对因设计造成的质量事故提出相应的技术处理方案。

建设单位在领取施工许可证或者开工报告前，应当按照国家有关规定办理工程质量监督手续。

作为监控主体之一的项目监理机构，在施工作业实施过程中，应根据其监理规划与实施细则，采取现场旁站、巡视、平行检验等形式，对施工作业质量进行监督检查，如发现工程施工不符合工程设计要求、施工技术标准和合同约定，有权要求建筑施工企业进行改正。而没有检查或没有按规定进行检查，使建设单位遭受损失时应承担赔偿责任。

必须强调，施工质量的自控主体和监控主体，在施工全过程中相互依存、各尽其责，共同推动着施工质量控制过程的展开和工程项目质量总目标的实现。

2.现场质量检查

现场质量检查是施工作业质量监控的主要手段。

（1）现场质量检查的内容

①开工前的检查，主要检查是否具备开工条件，开工后是否能够保持连续正常施工，能否保证工程质量。

②工序交接检查，对于重要的工序或对工程质量有重大影响的工序，应严格执行"三

检"制度(自检、互检、专检),未经监理工程师(或建设单位技术负责人)检查认可,不得进行下道工序的施工。

③隐蔽工程的检查,施工中凡是隐蔽工程必须经检查认证后方可进行隐蔽掩盖。

④停工后复工的检查,因客观因素停工或处理质量事故等停工复工时,经检查认可后方能复工。

⑤分项、分部工程完工后的检查,应经检查认可,并签署验收记录,才能进行下一工程项目的施工。

⑥成品保护的检查,检查成品有无保护措施以及保护措施是否有效可靠。

(2)现场质量检查的方法

①目测法

目测法即凭借感官进行检查,也称观感质量检验,其手段可概括为"看、摸、敲、照"四个字。

看——根据质量标准要求进行外观检查。例如,清水墙面是否洁净,喷涂的密实度和颜色是否良好、均匀,工人的操作是否正常,内墙抹灰的大面及口角是否平直,混凝土外观是否符合要求等。

摸——通过触摸手感进行检查、鉴别。例如,油漆的光滑度,浆活是否牢固、不掉粉等。

敲——运用敲击工具进行音感检查。例如,对地面工程、装饰工程中的水磨石、面砖、石材饰面等,进行敲击检查。

照——通过人工光源或反射光照射,检查肉眼难以看到或光线较暗的部位。例如,管道井、电梯井等内部管线、设备安装质量,装饰吊顶内连接及设备安装质量等。

②实测法

实测法就是通过实测数据与施工规范、质量标准的要求及允许偏差值进行对照,以此判断质量是否符合要求,其手段可概括为"靠、量、吊、套"四个字。

靠——用直尺、塞尺检查,诸如墙面、地面、路面等的平整度。

量——指用测量工具和计量仪表等检查断面尺寸、轴线、标高、湿度、温度等的偏差,例如大理石板拼缝尺寸、摊铺沥青拌和料的温度、混凝土坍落度的检测等。

吊——利用托线板以及线坠吊线检查垂直度,例如砌体垂直度检查、门窗的安装等。

套——以方尺套方,辅以塞尺检查,例如对阴阳角的方正、踢脚线的垂直度、预制构件的方正、门窗口及构件的对角线检查等。

③试验法

试验法是指通过必要的试验手段对质量进行判断的检查方法,主要包括如下内容。

理化试验。工程中常用的理化试验包括物理力学性能方面的检验和化学成分及化学性能的测定等两个方面。物理力学性能的检验,包括各种力学指标的测定,如抗拉强度、抗压强度、抗弯强度、抗折强度、冲击韧性、硬度、承载力等,以及各种物理性能方面的测定,如密度、含水率、凝结时间、安定性及抗渗、耐磨、耐热性能等。化学成分及化学性能的测定,如钢筋中的磷、硫含量,混凝土中粗骨料中的活性氧化硅成分,以及耐酸、耐碱、抗腐蚀性等。此外,根据规定有时还需进行现场试验。例如,对桩或地基的静载试验、下水管道的通水试验、压力管道的耐压试验、防水层的蓄水或淋水试验等。

无损检测。无损检测就是利用专门的仪器仪表从表面探测结构物、材料、设备的内部组织结构或损伤情况。常用的无损检测方法有超声波探伤、X射线探伤等。

3.技术核定与见证取样送检

（1）技术核定

在建设工程项目施工过程中,因施工方对施工图纸的某些要求不甚明白,或图纸内部存在某些矛盾,或工程材料的调整与代用,改变建筑节点构造、管线位置、走向等,需要通过设计单位明确或确认的,施工方必须以技术核定单的方式向监理工程师提出,并报送设计单位核准确认。

（2）见证取样送检

为了保证建设工程质量,我国规定对工程所使用的主要材料、半成品、构配件以及施工过程留置的试块、试件等应现场见证取样送检。见证人员由建设单位及工程监理机构中有相关专业知识的人员担任;送检的实验室应具备经国家或地方工程检验检测主管部门核准的相关资质;见证取样送检必须严格按规定的程序进行,包括取样见证并记录、样本编号、填单、封箱、送实验室、核对、交接、试验检测、出具报告等。

检测机构应当建立档案管理制度。检测合同、委托单、原始记录、检测报告应当按年度统一编号,编号应当连续,不得随意抽撤、涂改。

五、施工阶段质量控制的主要途径

对于建设工程项目的施工质量,分别通过事前预控、事中控制和事后控制的相关途径进行控制。因此,施工质量控制的途径包括事前预控途径、事中控制途径和事后控制途径三方面。

（一）施工质量的事前预控途径

1.施工条件的调查和分析

施工条件包括合同条件、法规条件和现场条件,应做好施工条件的调查和分析,以发挥其重要的质量预控作用。

2.施工图纸会审和设计交底

理解设计意图和对施工的要求,明确质量控制的重点、要点和难点,消除施工图纸的差错等。因此,严格进行图纸会审和设计交底具有重要的事前预控作用。

3.施工组织设计文件的编制与审查

施工组织设计文件是直接指导现场施工作业技术活动和管理工作的纲领性文件。工程项目施工组织设计是以施工技术方案为核心,通盘考虑施工程序、施工质量、进度、成本和安全目标的要求。科学合理的施工组织设计对有效配置合格的施工生产要素，规范施工作业技术活动行为和管理行为，将起到重要的导向作用。

4.工程测量定位和标高基准点的控制

施工单位必须按照设计文件所确定的工程测量的任务来定位及标高的引测依据，建立工程测量基准点，自行做好技术复核，并报告项目监理机构进行监督检查。

5.施工分包单位的选择和资质的审查

对分包商资格与能力的控制是保证工程施工质量的重要方面。确定分包内容、选择分包单位及分包方式既直接关系到施工总承包方的利益和风险，更关系到建设工程质量问题。因此，施工总承包企业必须有健全有效的分包选择程序，同时按照我国现行法规的规定，在订立分包合同前，施工单位必须将所联络的分包商情况，报送项目监理机构进行资格审查。

6.材料设备和部品采购质量控制

建筑材料、构配件、部品和设备是直接构成工程实体的物质，应从施工备料开始进行控制，包括对供货厂商的评审、询价、采购计划与方式的控制等。因此，施工承包单位必须有健全有效的采购控制程序，同时按照我国现行法规规定，主要材料设备采购前必须将采购计划报送工程监理机构审查，以实施采购质量预控。

7.施工机械设备及工器具的配置与性能控制

施工机械设备、设施、工器具等施工生产手段的配置及性能，对施工质量、安全、进度和施工成本会产生重要影响，应在施工组织设计过程中根据施工方案的要求来确定，施工组织设计批准之后应对其落实的状态进行检查控制，以保证技术预案的质量能力。

（二）施工质量的事中控制途径

建设项目施工过程质量控制是最基本的控制途径，因此必须抓好与作业工序质量形成相关的配套技术与管理工作，其主要途径如下。

1.施工技术复核。施工技术复核是施工过程中保证各项技术基准正确性的重要措施，凡属轴线、标高、配方、样板、加工图等用作施工依据的技术工作，都要进行严格复核。

2.施工计量管理。施工计量管理包括投料计量、检测计量等，其正确性与可靠性直接关系到工程质量的形成和客观效果的评价。因此，施工全过程必须对计量人员资格、计量程序和计量器具的准确性进行控制。

3.见证取样送检。为了保证工程质量，我国规定对工程使用的主要材料、半成品、构配件以及施工过程留置的试块、试件等实行现场见证取样送检。见证员由建设单位及工程监理机构中有相关专业知识的人员担任，送检的实验室应具备国家或地方工程检测主管部门批准的相关资质，见证取样送检必须严格按照规定的程序进行，包括取样见证并记录、样本编号、填单、封箱，送实验室核对、交接、试验检测、出具报告。

4.技术核定和设计变更。在工程项目施工过程中，因施工方对图纸的某些要求不甚明白，或者是图纸内部的某些矛盾，或施工配料调整与代用，改变建筑节点构造、管线位置或走向等,需要通过设计单位明确或确认的,施工方必须以技术联系单的方式向业主或监理工程师提出,并报送设计单位核准确认。在施工期间无论是建设单位、设计单位或施工单位提出,需要进行局部设计变更的内容,都必须按规定程序用书面方式进行变更。

5. 隐蔽工程验收。所谓隐蔽工程,是指上一道工序的施工成果要被下一道工序覆盖,如地基与基础工程、钢筋工程、预埋管线等。施工过程中,总监理工程师应安排监理人员对施工过程进行巡视和检查,对隐蔽工程、下道工序施工完成后难以检查的重点部位,专业监理工程师应安排监理员进行旁站,对施工过程中出现的质量缺陷,专业监理工程师应及时下达监理工程师通知,要求承包单位整改并检查整改结果。工程项目的重点部位、关键工序应由项目监理机构与承包单位协商后共同确认。监理工程师应从巡视、检查、旁站监督等方面对工序工程质量进行严格控制。加强隐蔽工程质量验收,是施工质量控制的重要环节。其要求施工方应先完成自检并合格,然后填写专用的"隐蔽工程验收单",验收的内容应与已完成的隐蔽工程实物相一致,事先通知监理机构及有关方面,按约定时间进行验收。验收合格的工程由各方共同签署验收记录。验收不合格的隐蔽工程,应按验收意见进行整改后重新验收。严格落实隐蔽工程验收的程序和记录,对于预防工程质量隐患,提供可追溯的质量记录具有重要作用。

6. 其他。在长期的施工管理实践过程中形成的质量控制途径和方法,如批量施工前应做样板示范、现场施工技术质量例会、质量控制资料管理等,也是施工过程质量控制的重要工作途径。

(三)施工质量的事后控制途径

施工质量的事后控制,主要是进行已完工的成品保护、质量验收和对不合格处施工的处理,以保证最终验收的建设工程质量。

1. 已完工程成品保护,目的是避免已完工成品受到来自后续施工以及其他方面的污染或损坏。其成品保护问题和措施,在施工组织设计与计划阶段就应该从施工顺序上进行考虑,防止施工顺序不当或交叉作业造成相互干扰、污染和损坏问题。成品形成后可采取防护、覆盖、封闭、包裹等相应措施来进行保护。

2. 施工质量检查验收作为事后质量控制的途径,应严格按照施工质量验收统一标准规定的质量验收划分,从施工顺序作业开始,依次做好检验批、分项工程、分部工程及单位工程的施工质量验收。通过多层次的设防把关、严格验收,控制建设工程项目的质量。

第四节　建设工程项目质量验收

建设工程项目质量验收是对已完工程实体的内在及外观施工质量,按规定程序检查后,确认其是否符合设计及各项验收标准的要求,是否可交付使用的一个重要环节。正确进行工程项目质量的检查评定和验收,是保证工程质量的重要手段。

一、施工过程质量验收

（一）施工过程质量验收的内容

对涉及人民生命财产安全、人身健康、环境保护和公共利益的内容以强制性条文做出规定，要求必须坚决、严格地遵照执行。

检验批和分项工程是质量验收的基本单元；分部工程是在所含全部分项工程验收合格后的基础上进行验收的，在施工过程中随完工随验收，并留下完整的质量验收记录和资料；单位工程作为具有独立使用功能的完整的建筑产品，须进行竣工质量验收。

1. 检验批

所谓检验批，是指按同一生产条件或按规定的方式汇总起来供检验用的，由一定数量样本组成的检验体。检验批是工程验收的最小单位，是分项工程乃至整个建筑工程质量验收的基础。其应由监理工程师（建设单位项目技术负责人）组织施工单位项目专业质量（技术）负责人等进行验收。

符合下列规定检验批质量验收才算合格：

（1）主控项目和一般项目的质量经抽样检验合格。主控项目是指对检验批的基本质量起决定性作用的检验项目。除主控项目以外的检验项目称为一般项目。

（2）具有完整的施工操作依据、质量检查记录。

2. 分项工程质量验收

分项工程应由监理工程师（建设单位项目技术负责人）组织施工单位项目专业质量（技术）负责人进行验收。分项工程质量验收合格应符合下列规定。

（1）分项工程所含的检验批均应符合相关规定。

（2）分项工程所含的检验批的质量验收记录应完整。

3. 分部工程质量验收

分部工程应由总监理工程师（建设单位项目负责人）组织施工单位项目负责人和技术、质量负责人等进行验收；地基与基础、主体结构分部工程的勘察、设计单位工程项目负责人和施工单位技术、质量部门负责人也应参加相关分部工程验收。分部（子分部）工程质量验收合格应符合下列规定。

（1）所含分项工程的质量均应验收合格。

（2）质量控制资料应完整。

（3）地基与基础、主体结构和设备安装等分部工程有关安全、使用功能、节能、环境保护的检验和抽样检验结果应符合有关规定。

（4）观感质量验收应符合要求。

（二）对施工过程中质量验收不合格项的处理

施工过程的质量验收以检验批的施工质量为基本验收单元。检验批质量不合格可能是因为使用的材料、施工作业质量不合格或质量控制资料不完整等,其处理方法如下。

（1）在检验批验收时,对存有严重缺陷项应推倒重来,一般的缺陷通过翻修或更换器具、设备予以克服后重新进行验收。

（2）个别检验批发现试块强度等不满足要求难以确定是否验收时,应请有资质的法定检测单位进行检测鉴定,当鉴定结果能够达到设计要求时,应予以验收。

（3）对于检测鉴定达不到设计要求,但经原设计单位核算仍能满足结构安全和使用功能的检验批,可予以验收。

（4）严重质量缺陷或超过检验批范围内的缺陷,经法定检测单位检测鉴定,认为不能满足最低限度的安全储备和使用功能时,必须进行加固处理。虽然会改变外形尺寸,但能满足安全使用要求的,可按技术处理方案和协商文件进行验收,责任方应承担经济责任。

（5）对于经过返修或加固处理后仍不能满足安全使用要求的分部工程、单位（子单位）工程,严禁验收。

二、建设工程项目竣工质量验收

建设工程项目竣工验收有两层含义:一是指承发包单位之间进行的工程竣工验收,也称工程交工验收;二是指建设工程项目的竣工验收。两者在验收范围、依据、时间、方式、程序、组织和权限等方面存在不同。

（一）竣工工程质量验收的依据

（1）工程施工承包合同。

（2）工程施工图纸。

（3）工程施工质量验收统一标准。

（4）专业工程施工质量验收规范。

（5）建设法律、法规、管理标准和技术标准。

（二）竣工工程质量验收的要求

（1）建筑工程施工质量应符合相关专业验收规范的规定。

（2）建筑工程施工应符合工程勘察、设计文件的要求。

（3）参加工程施工质量验收的各方人员应具备规定的资格。

（4）工程质量的验收均应在施工单位自行检查评定的基础上进行。

（5）隐蔽工程在隐蔽前应由施工单位通知有关单位进行验收,并应形成验收文件。

（6）涉及结构安全的试块、试件以及有关材料,应按规定进行见证取样检测。

（7）检验批的质量应按主控项目和一般项目验收。

（8）对涉及结构安全和使用功能的重要分部工程应进行抽样检测。

（9）承担见证取样检测及有关结构安全检测的单位应具有相应资质。

（10）工程的观感质量应由验收人员通过现场检查,并应共同确认。

（三）竣工质量验收的标准

按照《建筑工程施工质量验收统一标准》（GB50300—2013），建设项目单位（子单位）工程质量验收合格应符合下列规定。

（1）单位（子单位）工程所含分部（子分部）工程质量验收均应合格。

（2）质量控制资料应完整。

（3）单位（子单位）工程所含分部工程有关安全和功能的检验资料应完整。

（4）主要功能项目的抽查结果应符合相关专业质量验收规范的规定。

（5）观感质量验收应符合规定。

（四）竣工质量验收的程序

建设工程项目竣工验收，可分为竣工验收准备、初步验收和正式竣工验收三个环节。整个验收过程必须按照工程项目质量控制系统的职能分工，以监理工程师为核心进行竣工验收的组织协调。

1. 竣工验收准备

施工单位按照合同规定的施工范围和质量标准完成施工任务，经质量自检合格后，向现场监理机构（或建设单位）提交工程竣工申请报告，要求组织工程竣工验收。

2. 初步验收

监理机构收到施工单位的工程竣工申请报告后，应就验收的准备情况和验收条件进行检查，应就工程实体质量及档案资料存在的缺陷及时提出整改意见，并与施工单位协商整改清单，确定整改要求和完成时间。由施工单位向建设单位提交工程竣工验收报告，申请建设工程竣工验收应具备下列条件。

（1）完成建设工程设计和合同约定的各项内容。

（2）有完整的技术档案和施工管理资料。

（3）有工程使用的主要建筑材料、构配件和设备的进场试验报告。

（4）有工程勘察、设计、施工、工程监理等单位分别签署的质量合格文件。

（5）有施工单位签署的工程保修书。

3. 正式竣工验收

建设单位、质量监督机构与竣工验收小组成员单位不是一个层次的。

建设单位应在工程竣工验收前7个工作日将验收时间、地点、验收组名告知该工程的工程质量监督机构。建设单位组织竣工验收会议。正式验收过程的主要工作如下。

（1）建设、勘察、设计、施工、监理单位分别汇报工程合同履约情况及工程施工各环节满足设计要求，质量符合法律、法规和强制性标准的情况。

（2）检查审核设计、勘察、施工、监理单位的工程档案资料及质量验收资料。

（3）实地检查工程外观质量，对工程的使用功能进行抽查。

（4）对工程施工质量管理各环节工作、工程实体质量及质保资料情况进行全面评价，形成经验收组人员共同确认签署的工程竣工验收意见。

（5）竣工验收合格，建设单位应及时提出工程竣工验收报告。验收报告还应附有工程施工许可证、设计文件审查意见、质量检测功能性试验资料、工程质量保修书等法规所规定的文件。

（6）工程质量监督机构应对工程竣工验收工作进行监督。

三、工程竣工验收备案

我国实行建设工程竣工验收备案制度。新建、扩建和改建的各类水利工程的竣工验收，均应按《建设工程质量管理条例》规定进行备案。

（1）建设单位应当自建设工程竣工验收合格之日起15日内，将建设工程竣工验收报告和规划、公安消防及环保等部门出具的认可文件或准许使用文件，报建设行政主管部门或其他相关部门备案。

（2）备案部门在收到备案文件资料后的15日内，对文件资料进行审查，符合要求的工程，在验收备案表上加盖"竣工验收备案专用章"，并将其中一份退回建设单位存档。如在审查中发现建设单位在竣工验收过程中有违反国家有关建设工程质量管理规定行为的，责令停止使用，并重新组织竣工验收。

（3）建设单位有下列行为之一的，责令改正，并处以工程合同价款2%~4%的罚款；造成损失的依法承担赔偿责任。

①未组织竣工验收，擅自交付使用的。

②验收不合格，擅自交付使用的。

③对不合格的建设工程按照合格工程验收的。

第五节 企业质量管理体系标准

建筑业企业质量管理体系是按照我国《质量管理体系标准》（GB/T19000）进行建立和认证的，采用国际标准化组织颁布的ISO9000—2000质量管理体系认证标准。这里要求熟悉ISO9000—2000质量管理体系认证标准提出的质量管理体系八项原则；了解企业质量管理体系文件的构成，以及企业质量管理体系的建立与运行、认证与监督等相关知识。

一、质量管理体系八项原则

八项质量管理原则是2000版ISO9000系列标准的编制基础。八项质量管理原则是世界各国质量管理成功经验的科学总结，其中不少内容与我国全面质量管理的经验吻合。

质量管理体系八项原则的贯彻执行能促进企业管理水平的提高,并提高顾客对其产品或服务的满意程度,帮助企业实现可持续发展。质量管理体系八项原则的具体内容如下。

（一）以顾客为关注焦点

组织（从事一定范围生产经营活动的企业）依存于其顾客。组织应理解顾客当前的和未来的需求,满足顾客的要求并争取超越顾客的期望。这是组织进行质量管理的基本出发点和归宿点。

（二）领导作用

领导确立本组织统一的宗旨和方向,并营造和保持能使员工充分参与实现组织目标相关活动的内部环境。因此,领导在企业的质量管理中起着决定性作用。只有领导充分重视,各项质量活动才能有效开展。

（三）全员参与

各级人员都是组织之本,只有全员参与,才能使他们的才干为组织带来收益。产品质量是产品形成过程中全体人员共同努力的结果,其中也包含着为他们提供支持的管理、检查、行政人员的贡献。企业领导应对员工进行质量意识等各方面的教育,激发他们的积极性和责任感,为其能力、知识、经验的提高提供机会,发挥其创造精神,鼓励持续改进,并给予必要的物质和精神奖励,以促使全员积极参与,为实现让顾客满意的目标而奋斗。

（四）过程方法

将相关的资源和活动作为过程进行管理,可以得到期望的结果。任何使用资源的生产活动和将输入转化为输出的一组相关联的活动都可视为过程。

2000版ISO9000标准是建立在过程控制的基础上的。一般在过程的输入端、过程的不同位置及输出端都存在着可以进行测量、检查的机会和控制点,对这些控制点实行测量、检测和管理,便能控制过程的有效实施。

（五）管理的系统方法

将相互关联的过程作为系统加以识别、理解和管理,有助于组织提高实现其目标的有效性和效率。不同企业应根据自己的特点,建立资源管理、过程实现、测量分析改进等方面的关联关系,并加以控制,即采用过程网络的方法建立质量管理体系,实施系统管理。一般建立实施质量管理体系的过程包括:①确定顾客期望。②建立质量目标和方针。③确定实现目标的过程和职责。④确定必须提供的资源。⑤规定测量过程有效性的方法。⑥实施测量确定过程的有效性。⑦确定防止不合格并消除潜在不利因素的措施。⑧建立和应用持续改进质量管理体系的过程。

（六）持续改进

持续改进总体业绩是组织的一个永恒目标,其作用在于提高企业满足质量要求的能力,包括产品质量、过程及体系的有效性和效率的提高。持续改进是提高满足质量要求能力的循环活动,能使企业的质量管理走上良性循环的道路。

（七）基于事实的决策方法

有效的决策应建立在数据和信息分析的基础上,数据和信息分析是事实的高度提炼。以事实为依据做出决策,可防止决策失误。为此企业领导应重视数据信息的收集、汇总和分析,以便为决策提供依据。

（八）与供方互利的关系

组织与供方是相互依存的,建立双方的互利关系可以提高双方创造价值的能力。供方提供的产品是企业提供产品的一个组成部分。与供方的关系,是企业能否持续稳定地提供令顾客满意的产品的重要问题。因此,对供方不能只讲控制,不讲合作互利,特别是关键供方,更要建立互利关系,这对企业与供方双方都有利。

二、企业质量管理体系文件的构成

（一）质量管理体系文件的作用

《质量管理体系标准》（GB/T19000）对质量体系文件的重要性做了专门的阐述,要求企业重视质量体系文件的编制和使用。编制和使用质量体系文件本身是一项具有动态管理要求的活动,因为质量体系的建立、健全要从编制完善的体系文件开始,质量体系的运行、审核与改进都是依据文件的规定进行的,质量管理实施的结果也要形成文件,将其作为证实产品质量符合规定要求及质量体系的有效证据。

（二）质量管理体系文件的构成

GB/T19000 质量管理体系对文件提出明确要求,企业应具有完整和科学的质量管理体系文件。质量管理体系文件一般由以下内容构成。

（1）形成文件的质量方针和质量目标。

（2）质量手册。

（3）质量管理标准所要求的各种生产、工作和管理的程序性文件。

（4）质量管理标准所要求的质量记录。

以上各类文件的详略程度无统一规定,以适于企业使用、使过程受控为准则。

（三）质量管理体系文件的要求

1. 质量方针和质量目标

质量方针和质量目标一般都以简明的文字来表述,是企业质量管理的方向目标,应反映用户及社会对工程质量的要求及企业相应的质量水平和服务承诺,也是企业质量经营理念的反映。

2. 质量手册的要求

质量手册是规定企业组织建立质量管理体系的文件,质量手册对企业质量体系做系统、完整和概要的描述。其内容一般包括：企业的质量方针、质量目标；组织机构及质量职责；体系要素或基本控制程序；质量手册的评审、修改和控制的管理办法。

质量手册作为企业质量管理系统的纲领性文件，应具备指令性、系统性、协调性、先进性、可行性和可检查性。

3. 程序文件的要求

质量体系程序文件是质量手册的支持性文件，是企业各职能部门为落实质量手册要求而规定的细则，企业为落实质量管理工作而建立的各项管理标准、规章制度都属于程序文件范畴。各企业程序文件的内容及详略可视企业情况而定。一般有以下六个方面的程序为通用性管理程序，各类企业都应在程序文件中制定下列程序。

①文件控制程序。

②质量记录管理程序。

③内部审核程序。

④不合格产品控制程序。

⑤纠正措施控制程序。

⑥预防措施控制程序。

除以上六个程序外，对涉及产品质量形成过程各环节控制的程序文件，如生产过程、服务过程、管理过程、监督过程等管理程序，不做统一规定，可视企业质量控制的需要而制订。

为确保工程的有效运行，可在程序文件的指导下，按管理需要编制相关文件，如作业指导书、具体工程的质量计划等。

4. 质量记录的要求

质量记录是产品质量水平和质量体系中各项质量活动进行及结果的客观反映。对质量体系程序文件所规定的运行过程及控制测量检查的内容如实记录，用以表示产品质量达到合同要求及质量保证的满足程度。如在控制体系中出现偏差，则质量记录不仅须反映偏差情况，而且应反映针对不足之处所采取的纠正措施及纠正效果。

质量记录应完整地反映质量活动实施、验证和评审的情况，并记录关键活动的过程参数，具有可追溯性的特点。质量记录以规定的形式和程序进行，并有实施、验证、审核等签署意见。

三、企业质量管理体系的建立和运行

（一）企业质量管理体系的建立

（1）企业质量管理体系的建立，是在确定市场及顾客需求的前提下，按照八项质量管理原则制定企业质量管理体系文件，并将质量目标分解落实到相关层次、相关岗位的职能和职责中，形成企业质量管理体系的执行系统。

（2）企业质量管理体系的建立还包含组织企业不同层次的员工进行培训，使体系的工作内容和执行要求为员工所了解,为形成全员参与的企业质量管理体系的运行创造条件。

（3）企业质量管理体系的建立需识别并提供实现质量目标和持续改进所需的资源,包括人员、基础设施、环境、信息等。

（二）企业质量管理体系的运行

1.运行

按质量管理体系文件所制订的程序、标准、工作要求及目标分解的岗位职责进行运作。

2.记录

按各类体系文件的要求,监视、测量和分析过程的有效性,做好文件规定的质量记录工作。

3.考核评价

按文件规定的办法进行质量管理评审和考核。

4.落实内部审核

落实质量体系的内部审核程序,有组织、有计划地开展内部质量审核活动,其主要目的如下。

①评价质量管理程序的执行情况及适用性。

②揭露过程中存在的问题,为质量改进提供依据。

③检查质量体系运行的信息。

④向外部审核单位提供体系有效的证据。

四、企业质量管理体系的认证与监督

（一）企业质量管理体系认证的意义

质量认证制度是指由公正的第三方认证机构对企业的产品及质量体系做出正确可靠评价的制度。

（二）企业质量管理体系认证的程序

（1）申请和受理:具有法人资格,申请单位须按要求填写申请书,接受或不接受均予发出书面通知书。

（2）审核:审核包括文件审查、现场审核,并提出审核报告。

（3）审批与注册发证:符合标准者批准并予以注册,发给认证证书。

（三）获准认证后的维持与监督管理

企业质量管理体系获准认证的有效期为三年。获准认证后的质量管理体系,维持与监督管理内容如下。

（1）企业通报:认证合格的企业质量管理体系在运行中出现较大变化时,需向认证机构通报。

（2）监督检查：监督检查包括定期和不定期的监督检查。

（3）认证注销：注销是企业的自愿行为。

（4）认证暂停：认证暂停期间，企业不得将质量管理体系认证证书作为宣传内容。

（5）认证撤销：撤销认证的企业一年后可重新提出认证申请。

（6）复评：认证合格有效期满前，如企业愿继续延长，可向认证机构提出复评申请。

（7）重新换证：在认证证书的有效期内，若出现体系认证标准变更、体系认证范围变更、体系认证证书持有者变更等情况，可按规定重新换证。

第六节　工程质量统计方法

一、分层法

（一）基本原理

由于工程质量形成的影响因素多，因此对工程质量状况的调查和质量问题的分析，必须分门别类地进行，以便准确有效地找出问题及其原因，这就是分层法的基本思想。

（二）实际应用

调查分析的层次划分，根据管理需要和统计目的，通常可按照以下分层方法取得原始数据。

（1）按时间分：月或日、上午和下午、白天和晚间、季节。

（2）按地点分：地域、城市和乡村、楼层、外墙和内墙。

（3）按材料分：产地、厂商、规格、品种。

（4）按测定分：方法、仪器、测定人、取样方式。

（5）按作业分：工法、班组、工长、工人、分包商。

（6）按工程分：住宅、办公楼、道路、桥梁、隧道。

（7）按合同分：总承包、专业分包、劳务分包。

二、因果分析图法

（一）基本原理

因果分析图法，也称为质量特性要因分析法。其基本原理是，对每一个质量特性或问题，逐层深入排查可能原因，然后确定其中最主要的原因，进行有的放矢的处置和管理。

（二）应用时的注意事项

（1）一个质量特性或一个质量问题使用一张图分析。

（2）通常采用 QC 小组活动的方式进行，集思广益，共同分析。

（3）必要时可以邀请小组以外的有关人员参与，广泛听取意见。

（4）分析时要充分发表意见，层层深入，列出所有可能的原因。

（5）在充分分析的基础上，由各参与人员采用投票或其他方式，从中选择 1~5 项多数人达成共识的主要原因。

三、排列图法

（一）定义

排列图法是利用排列图寻找影响质量主次因素的一种有效方法。排列图又叫帕累托图或主次因素分析图。

（二）组成

排列图法由两个纵坐标、一个横坐标、几个连起来的直方形和一条曲线组成。实际应用中，通常按累计频率划分为 0~80%、80%~90%、90%~100% 三部分，与其对应的影响因素分别为 A、B、C 三类。A 类为主要因素，B 类为次要因素，C 类为一般因素。

四、直方图法

（一）定义

直方图法即频数分布直方图法。它是将收集到的质量数据进行分组整理，绘制成频数分布直方图，用以描述质量分布状态的一种分析方法，所以又称质量分布图法。

（二）作用

（1）通过直方图的观察与分析，可以了解产品质量的波动情况，掌握质量特性的分布规律，以便对质量状况进行分析判断。

（2）可通过质量数据特征值的计算，估算施工生产过程中的总体不合格品率、评价过程能力等。

五、控制图法

（一）定义

控制图又称管理图。它是在直角坐标系内画有控制界限，描述生产过程中产品质量波动状态的图形。利用控制图查明分质量波动原因，判明生产过程是否处于稳定状态的方法称为控制图法。

（二）用途

控制图是用样本数据来分析判断生产过程是否处于稳定状态的有效工具。它的用途主要有两个。

a. 过程分析,即分析生产过程是否稳定。为此,应随机连续收集数据,绘制控制图,观察数据点的分布情况并判定生产过程的状态。

b. 过程控制,即控制生产过程的质量状态。为此,要定时抽样取得数据,将其变为点绘在图上,发现并及时消除生产过程中的失调现象,预防不合格品的产生。

(三)种类

1. 按用途划分

a. 分析用控制图。分析生产过程是否处于控制状态,采取连续抽样方式。

b. 管理(或控制)用控制图。用来控制生产过程,使之经常保持在稳定状态下,采取等距抽样方式。

2. 按质量数据特点划分

a. 计量值控制图。

b. 计数值控制图。

c. 控制图的观察与分析。

当控制图同时满足两个条件,一是点几乎全部落在控制界限之内,二是控制界限内的点排列没有缺陷,就可以认为生产过程基本上处于稳定状态。如果点的分布不满足其中任何一条,都应判断为生产过程异常。

第七节 建设工程项目总体规划和工程质量控制的解决措施

一、建设工程项目总体规划的编制

(一)建设工程项目总体规划编制

1. 建设工程项目总体规划过程

建设工程项目总体规划过程包括建设方案的策划、决策过程和总体规划的制订过程。建设工程项目的策划与决策过程主要包括建设方案策划、项目可行性研究论证和建设工程项目决策。建设工程项目总体规划的制订要具体编制建设工程项目规划设计文件,对建设工程项目的决策意图进行直观描述。

2. 建设工程项目总体规划的主要内容

建设工程项目总体规划的主要内容是解决平面空间布局、道路交通组织、场地竖向设计、总体配套方案、总体规划指标等问题。

（二）建设工程项目设计质量控制的内容和方法

1. 建设工程项目设计质量控制的内容

建设工程项目设计质量控制的内容主要从满足建设需求入手,包括法律法规、强制性标准和合同规定的明确需要以及潜在需要,以使用功能和安全可靠性为核心,做好功能性、可靠性、观感性和经济性质量的综合控制。

2. 建设工程项目设计质量控制的方法

建设工程项目设计质量的控制方法主要通过设计任务的组织、设计过程控制和设计项目管理来落实。

二、水利工程施工质量控制的难题及解决措施

（一）存在的问题

1. 质量意识普遍较弱

施工过程中,不重视施工质量控制,没有考虑到施工质量的重要性。当质量与进度产生矛盾、费用紧张时,就放弃了质量控制的中心和主导地位,变成了提前使用、节约投资。

2. 对设计和监理的行政干预多

在招标、投标阶段或开工阶段,部分业主就提出提前投入使用、节约投资的指标,有的则提出许多具体的设计优化方案,指令设计组执行。对于大型工程,重要的优化方案都须经专家慎重研究,然后向设计院正式提出,设计院接到建议,组织有关专家研究,然后才做出正式决策。

3. 设计方案变更过多

水利工程的设计方案变更比较随便,有些达到了优化目的,有些则可能把合理的方案改到了错误的道路上。设计方案变更将导致施工方案的调整和设备配置的变化,牵一发而动全身,在没有明显错误,或者缺乏优化的可靠论证的情况下,不宜过多变更设计方案。

4. 设代组、监理部力量偏小

一方面是限于费用,另一方面是轻视水利工程,在设代组和监理部的人员配备上,往往偏少、偏弱。水利工程建设中的许多问题,都要由设代组或监理部在现场独立做出决定,更需要派驻专业能力强、经验丰富的工程师到现场。

5. 费用较紧、工作条件较差

施工设备、试验设备大多破旧不全,交通、通信不便,安全保护、卫生医疗、防汛抗灾条件都较差。

（二）解决措施

1. 监理工作要及早介入,并贯穿建设工作的全过程

开工令发布之前的质量控制工作比较重要。施工招标的过程、施工单位进场时的资质

复核、施工准备阶段的若干重大决策的形成,都对施工质量起着举足轻重的作用。工程实施的第一件事就是监理工作招标投标,随之组建监理部。

2. 要处理好监理工程师的质量控制体系与施工单位的质量保证体系之间的关系

总的来说,监理工程师的质量控制体系是建立在施工承包商的质量保证体系之上的。施工承包商的质量保证体系是基础,如果没有一个健全的、运转良好的施工质量保证体系,监理工程师就很难有所作为。因此,监理工程师质量控制的首要任务就是在开工令发布之前,检查施工承包商是否有一个健全的质量保证体系,若没有肯定答复,就不签发开工令。

3. 监理要在每个环节上实施监控

质量控制体系由多个环节构成,任何一个环节松懈都可能造成失控。不能把控制点仅仅设在验收这最后一关上,而应对每个工序、每个环节实施控制。检查承包商的施工技术员、质检员、值班工程师是否在岗,施工记录是否真实、完整,质量保证机构是否正常运转。只有监理部分工明确,各司其职,方能使每个环节都有人监控。

4. 严禁转包

主体工程不能分包。对分包资质要严加审查,不允许多次分包。

水利工程的资质审查,通常只针对企业法人,对项目部的资质很少进行复核。项目部是独立性很强的经济、技术实体,是对质量起保证作用的关键所在。一旦转包或多次分包,就会导致责任不明确,从合同法来讲是企业法人负责,而在实际运作中是无人负责。

5. 监理部的责、权、利要均衡

按照国际惯例,监理工程师应当具有责任重、权力大、利益多的特点,监理费用一般略高于同一工程的设计费比率。监理工作是一种脑力与体力双能耗的高智能劳动,要求监理人员具有丰富的专业知识、管理经验,吃苦耐劳,廉洁奉公。但是,目前的水利工程的监理,实际上是一种契约劳务。费用不是按工程费用的比率计算的,而是按劳务费的计算方法或较低的工程费用的比率确定的。责任是非常扩大化的(质量、进度、投资控制的一切责任),但是权力却集中在业主手上。

6. 正确处理业主、监理、施工三方及地方政府有关部门的关系

在建设管理中执行业主制、监理制和招标投标制是一个巨大进步。三方都有一个观念转变的过程,各自找准自己的位置是最重要的。找准各自的位置后,三方的关系就易于处理。三者不是上下级的关系,也不是对立的关系,而是平等互利的关系,是社会主义企业之间互助协作的关系。

业主和监理虽然是管理工作的主动方,但是必须认清:施工单位是建设的主体,质量控制的好坏,主要取决于施工企业。

与地方政府各部门关系是否正常,关系到工程施工是否有个良好环境。供水、供电、征地、移民以及沙石料场等,无不对质量的稳定产生很大的影响。

质量控制是监理工程师的首要任务。监理工程师的权威是在工作中建立起来的,也是在业主和施工单位支持下树立起来的。没有独立性、公正性与公平性,则没有威信可言,独

立性是业主赋予的,公正性与公平性需要施工单位的支持和信任,并且予以承认。

7. 重视监理工作,抓好监理队伍的建设工作

目前,我国水利工程的监理工作,有多种多样的形式,有业主自己组织、招聘人员组建监理部,也有按正规途径招标投标,选择监理单位。事实证明,业主制、监理制和招标投标制是一整套的建设制度,缺一不可。施工企业最先进入竞争行列,自有一套适合市场机制的管理办法,越是成熟,则越需要监理制配合,并对其行为进行规范。

监理工程师责任重大,要求监理人员有敬业精神,精通业务、清廉公正。但是一个监理单位不仅是一个劳务集体,还是一个技术密集型的企业。作为一个经济集体,除组织建设外,还必须有一定的投入,在软件和硬件方面都要有一定积累,这样方能在知识经验时代占有一席之地。

水利工程的质量控制工作极为重要,绝不可忽视。优良的施工质量要业主、监理和施工方共同努力。监理工程师的质量控制体系是建立在施工企业的质量保证体系基础之上的,无论监理投入多大的人力、物力,都不应代替施工方自身的质量保证体系,业主和监理应协力为其健全和正常运转创造条件。

第七章 水利工程施工进度控制

第一节 施工进度计划的作用和类型

一、施工进度计划的作用

（1）控制工程的施工进度，使之按期或提前竣工，并交付使用或投入运转。

（2）通过施工进度计划的安排，加强工程施工的计划性，使施工能均衡、连续、有节奏地进行。

（3）从施工顺序和施工进度等组织措施上保证工程质量和施工安全。

（4）合理使用建设资金、劳动力、材料和机械设备，达到多、快、好、省地进行工程建设的目的。

（5）确定各施工时段所需的各类资源的数量，为施工准备提供依据。

（6）施工进度计划是编制更细一层进度计划（如月、旬作业计划）的基础。

二、施工进度计划的类型

施工进度计划按编制对象的大小和范围不同可分为施工总进度计划、单项工程施工进度计划、单位工程施工进度计划、分部工程施工进度计划和施工作业计划等类型。下面只对常见的几种进度计划进行概述。

（一）施工总进度计划

施工总进度计划是以整个水利水电枢纽工程为编制对象，拟定出其中各个单项工程和单位工程的施工顺序及建设进度，以及整个工程施工前的准备工作和完工后的结尾工作的项目与施工期限。因此，施工总进度计划属于轮廓性（或控制性）的进度计划，在施工过程中主要控制和协调各单项工程或单位工程的施工进度。

施工总进度计划的任务是：分析工程所在地区的自然条件、社会经济资源、影响施工质量与进度的关键因素，确定关键性工程的施工分期和施工程序，并协调安排其他工程的施工进度，使整个工程施工前后兼顾、互相衔接、均衡生产，从而最大限度地合理使用资金、劳动力、设备、材料，在保证工程质量和施工安全的前提下，使工程按时或提前建成投产。

（二）单项工程施工进度计划

单项工程施工进度计划是以枢纽工程中的主要工程项目（如大坝、水电站等单项工程）为编制对象，并将单项工程划分成单位工程或分部、分项工程，拟定出其中各项目的施工顺序和建设进度以及相应的施工准备工作内容与施工期限。它以施工总进度计划为基础，要求进一步从施工程序、施工方法和技术供应等条件上论证施工进度的合理性和可靠性，尽可能组织流水作业，并研究加快施工进度和降低工程成本的具体措施。反过来，又可根据单项工程施工进度计划对施工总进度计划进行局部微调或修正，并编制劳动力和各种物资的技术供应计划。

（三）单位工程施工进度计划

单位工程施工进度计划是以单位工程（如土坝的基础工程、防渗体工程、坝体填筑工程等）为编制对象，拟定出其中各分部、分项工程的施工顺序、建设进度以及相应的施工准备工作内容和施工期限。它以单项工程施工进度计划为基础进行编制，属于实施性进度计划。

（四）施工作业计划

施工作业计划是以某一施工作业过程（分项工程）为编制对象，制定出该作业过程的施工起止日期以及相应的施工准备工作内容和施工期限。它是具体的实施性进度计划。在施工过程中，为了加强计划管理工作，各施工作业班组都应在单位（单项）工程施工进度计划的要求下，编制出年度、季度或逐月（旬）的作业计划。

第二节　施工总进度计划的编制

施工总进度计划是项目工期控制的指挥棒，是项目实施的依据和向导。编制施工总进度计划必须遵循相关原则，并准备翔实可靠的原始资料，按照一定的方法去编制。

一、施工总进度计划的编制原则

（1）认真贯彻执行党的方针政策、国家法令法规、上级主管部门对本工程建设的指示和要求。

（2）加强与施工组织设计及其他各专业的密切联系，统筹考虑，以关键性工程的施工分期和施工程序为主导，协调安排其他各单项工程的施工进度。同时，进行多方案比较，从中选择最优方案。

（3）在充分掌握及认真分析基本资料的基础上，尽可能采用先进的施工技术和设备，最大限度地组织均衡施工，力争全年施工，加快施工进度。同时，应做到实事求是，并留有余地，保证工程质量和施工安全。当施工情况发生变化时，要及时调整施工总进度。

（4）充分重视和合理安排准备工程的施工进度。在主体工程开工前，各项准备工作应基本完成，为主体工程的开工和顺利进行创造条件。

（5）对高坝、大库容的工程，应研究分期建设或分期蓄水的可能性，尽可能减少第一批机组投产前的工程投资。

二、施工总进度计划的编制方法

（一）基本资料的收集和分析

在编制施工总进度计划之前和编制过程中，要不断收集和完善编制施工总进度所需的基本资料。这些基本资料主要包括以下部分。

（1）上级主管部门对工程建设的指示和要求，有关工程的合同协议。如设计任务书，工程开工、竣工、投产的顺序和日期，对施工承建方式和施工单位的意见，工程施工机械化程度、技术供应等方面的指示，国民经济各部门对施工期间防洪、灌溉、航运、供水等方面的要求。

（2）设计文件和有关的法规、技术规范、标准。

（3）工程勘测和技术经济调查资料。如地形、水文、气象资料，工程地质与水文地质资料，当地建筑材料资料，工程所在地区和库区的工矿企业、矿产资源、水库淹没和移民安置等资料。

（4）工程规划设计和概预算方面的资料，如工程规划设计的文件和图纸、主管部门的投资分配和定额资料等。

（5）施工组织设计其他部分对施工进度的限制和要求。如施工场地情况、交通运输能力、资金到位情况、原材料及工程设备供应情况、劳动力供应情况、技术供应条件、施工导流与分期、施工方法与施工强度限制以及供水、供电、供风和通信情况等。

（6）施工单位施工技术与管理方面的资料、已建类似工程的经验及施工组织设计资料等。

（7）征地及移民搬迁安置情况。

（8）其他有关资料，如环境保护、文物保护和野生动物保护等。

收集了以上资料后，应着手对各部分资料进行分析和比较，找出控制进度的关键因素。尤其是施工导流与分期的划分，截流时段的确定，围堰挡水标准的拟定，大坝的施工程序及施工强度，加快施工进度的可能性，坝基开挖顺序及施工方法，基础处理方法和处理时间，各主要工程所采用的施工技术与施工方法，技术供应情况及各部分施工的衔接，现场布置与劳动力、设备、材料的供应与使用等。只有充分掌握这些基本情况，并理顺它们之间的关系，才能做出既符合客观实际又满足主管部门要求的施工总进度安排。

（二）施工总进度计划的编制步骤

1. 划分并列出工程项目

总进度计划的项目划分不宜过细。列项时，应根据施工部署中分期、分批开工的顺序和相互关联的密切程度依次进行，防止漏项，突出每一个系统的主要工程项目，分别列入工程名称栏内。对于一些次要的零星项目，则可合并到其他项目中去。例如河床中的水利水电工程，若按扩大单项工程列项，则可以有准备工作、导流工程、拦河坝工程、溢洪道工程、引水工程、电站厂房、升压变电站、水库清理工程、结束工作等。

2. 计算工程量

工程量的计算一般应根据设计图纸、工程量计算规则及有关定额手册或资料进行。其数值的准确性直接关系到项目持续时间的误差，进而影响进度计划的准确性。当然，设计深度不同，工程量的计算（估算）精度也不同。在有设计图的情况下，还要考虑工程性质、工程分期、施工顺序等因素，按土方、石方、混凝土、水上、水下、开挖、回填等不同情况，分别计算工程量。某些情况下，为了分期、分层或分段组织施工的需要，还应分别计算不同高程（如对大坝）、不同桩号（如对渠道）的工程量，做出累计曲线，以便分期、分段组织施工。计算工程量常采用列表的方式进行。工程量的计量单位要与使用的定额单位相吻合。

在没有设计图或设计图不全、不详的情况下，可参照类似工程或通过概算指标估算工程量。常用的定额资料如下。

①每万元、10 万元投资工程量、劳动量及材料消耗扩大指标。

②概算指标和扩大结构定额。

③标准设计和已建成的类似建筑物、构筑物的资料。

3. 计算各项目的施工持续时间

确定进度计划中各项工作的作业时间是计算项目计划工期的基础。在工作项目的实物工程量一定的情况下，工作持续时间与安排在工程上的设备水平、人员技术水平、人员与设备数量、效率等有关。

4. 分析确定项目之间的逻辑关系

项目之间的逻辑关系取决于工程项目的性质和轻重缓急、施工组织、施工技术等许多因素，概括来说分为以下两大类。

工艺关系，即由施工工艺决定的施工顺序关系。在作业内容、施工技术方案确定的情况下，这种工作逻辑关系是确定的，不得随意更改。如一般土建工程项目，应按照先地下后地上、先基础后结构、先土建后安装再调试、先主体后围护（或装饰）的原则安排施工顺序。现浇柱子的工艺顺序为：扎柱筋→支柱模→浇筑混凝土→养护和拆模。土坝坝面作业的工艺顺序为：铺土→平土→晾晒或洒水→压实→刨毛。它们在施工工艺上，都有必须遵循的逻辑顺序，违反这种顺序将付出额外的代价，甚至造成巨大损失。

组织关系，即由施工组织安排决定的施工顺序关系。如工艺上没有明确规定先后顺序关系的工作,由于考虑到其他因素(如工期、质量、安全、资源限制、场地限制等)的影响而人为安排的施工顺序关系,均属此类。例如,由导流方案所形成的导流程序,决定了各控制环节所控制的工程项目,从而也就决定了这些项目的衔接顺序。再如,采用全段围堰隧洞导流的方案时,通常要求在截流以前完成隧洞施工、围堰进占、库区清理、截流备料等工作,由此形成了相应的衔接关系。又如,由于劳动力的调配、施工机械的转移、建筑材料的供应和分配、机电设备进场等,一些项目安排在先,另一些项目安排在后,均属组织关系所决定的顺序关系。由组织关系所决定的衔接顺序,一般是可以改变的。只要改变相应的组织安排,有关项目的衔接顺序就会发生相应的变化。

项目之间的逻辑关系,是科学地安排施工进度的基础,应逐项研究,认真确定。

5. 初拟施工总进度计划

通过对项目之间进行逻辑关系分析,掌握工程进度的特点,厘清工程进度的脉络,初步拟订出一个施工进度方案。在初拟进度时,一定要抓住关键,分清主次,厘清关系,互相配合,合理安排。要特别注意把与洪水有关、受季节性限制较严、施工技术比较复杂的控制性工程的施工进度安排好。

对于堤坝式水利水电枢纽工程,其关键项目一般位于河床,故施工总进度的安排应以导流程序为主要线索。先将施工导流、围堰截流、基坑排水、坝基开挖、基础处理、施工度汛、坝体拦洪、下闸蓄水、机组安装和引水发电等关键性工程控制进度安排好,其中应包括相应的准备、结束工作和配套辅助工程的进度。这样构成的总的轮廓进度即进度计划的骨架,然后配合安排不受水文条件控制的其他工程项目,以形成整个枢纽工程的施工总进度计划草案。

需要注意的是,在初拟控制性进度计划时,对于围堰截流、拦洪度汛、蓄水发电等关键项目,一定要进行充分论证,并落实相关措施;否则,如果延误了截流时机,影响了发电计划,对工期的影响和造成国民经济的损失往往是非常巨大的。

对于引水式水利水电工程,有时引水建筑物的施工期限成为控制总进度的关键,此时总进度计划应以引水建筑物为主来进行安排,其他项目的施工进度要与之相适应。

6. 调整和优化

初拟进度计划形成以后,要配合施工组织设计单位,对一些控制环节、关键项目的施工强度、资源需用量、投资过程等重大问题进行分析计算。若发现主要工程的施工强度过大或施工强度不均衡(此时也必然引起资源使用的不均衡),就应进行调整和优化,使新的计划更加完善,更加切实可行。

必须强调的是,施工进度的调整和优化往往要反复进行,工作量大而枯燥。现阶段已普遍采用优化程序进行电算。

7. 编制正式施工总进度计划

经过调整优化后的施工进度计划,可以作为设计成果在整理以后提交审核。施工进度计划的成果可以用横道进度表(又称横道图或甘特图)的形式表示,也可以用网络图(包括时标网络图)的形式表示。此外,还应提交有关主要工种工程施工强度、主要资源需用强度和投资费用动态过程等方面的成果。

三、落实、平衡、调整、修正计划

在制定了计划后，要对各项进度安排逐项落实。根据工程的施工条件、施工方法、机具设备、劳动力和材料供应以及技术质量要求等有关因素，分析论证所拟进度是否切合实际，各项进度之间是否协调。研究主体工程的工程量是否大体均衡，进行综合平衡工作。对原拟计划进行调整、修正。

以上简要地介绍了施工总进度计划的编制步骤。在实际工作中不能机械地划分这些步骤，而应该将其联系起来，大体上依照上述程序来编制施工总进度计划。当初步设计阶段的施工总进度计划获批后，在技术设计阶段还要结合单项工程进度计划的编制，来修正总进度计划。在工程施工中，再根据施工条件的演变情况予以调整，用来指导工程施工，控制工程工期。

第三节 网络进度计划

为适应生产的发展和满足科学研究工作的需要，20世纪50年代中期出现了工程计划管理的新方法——网络计划技术。该技术采用网络图的形式表达各项工作的相互制约和相互依赖关系，故此得名。用它来编制进度计划，具有十分明显的优越性：各项工作之间的逻辑关系严密，主要矛盾突出，有利于计划的调整与优化，促使电子计算机得到应用。目前，国内外对这一技术的研究和应用已经相当成熟，应用领域也越来越广。

网络图是由箭线（用一端带有箭头的实线或虚线表示）和节点（用圆圈表示）组成的，用来表示一项工程或任务进行顺序的有向、有序的网状图形。在网络图上加注工作的时间参数，就形成了网络进度计划（一般简称网络计划）。

网络计划的形式主要有双代号与单代号两种。此外，还有时标网络与流水网络等。

一、双代号网络图

用一条箭线表示一项工作（或工序），在箭线首尾用节点编号表示该工作的开始和结束。其中，箭尾节点表示该工作开始，箭头节点表示该工作结束。根据施工顺序和相互关系，将一项计划的所有工作用上述符号从左至右绘制而成的网状图形，称为双代号网络图。用这种网络图表示的计划叫作双代号网络计划。

双代号网络图是由箭线、节点和线路三个要素所组成的，现将其含义和特性分述如下。

（1）箭线。在双代号网络图中，一条箭线表示一项工作。需要注意的是，根据计划编制的粗细不同，工作所代表的内容、范围是不一样的，但任何工作（虚工作除外）都需要占用一定的时间,并消耗一定的资源(如劳动力、材料、机械设备等)。因此,凡是占用一定时间的施工活动,如基础开挖、混凝土浇筑、混凝土养护等,都可以看成一项工作。

除表示工作的实箭线外,还有一种虚箭线。它表示这是虚工作,没有工作名称,不占用时间,也不消耗资源,其主要作用是在网络图中解决工作之间的连接或断开关系问题。另外,箭线的长短并不表示工作持续时间的长短。箭线的方向表示施工过程的进行方向,绘图时应保持自左向右的总方向。

(2)节点。网络图中表示工作开始、结束或连接关系的圆圈称为节点。节点仅为前后诸工作的交接点,只是一个"瞬间",它既不消耗时间,也不消耗资源。

网络图的第一个节点称为起点节点,它表示一项计划(或工程)的开始;最后一个节点称为终点节点,它表示一项计划(或工程)的结束;其他节点称为中间节点。任何一个中间节点都既是其前面各项工作的结束节点,又是其后面各项工作的开始节点。因此,中间节点可以反映施工的形象进度。

节点编号的顺序是,从起点节点开始,依次向终点节点进行。编号的原则是,每一条箭线的箭头节点编号必须大于箭尾节点编号,并且所有节点的编号不能重复出现。

(3)线路。在网络图中,顺箭线方向从起点节点到终点节点所经过的一系列由箭线和节点组成的可通路径称为线路。一个网络图可能只有一条线路,也可能有多条线路,各条线路上所有工作持续时间的总和称为该条线路的计算工期。其中,工期最长的线路称为关键线路(主要矛盾线),其余线路则称为非关键线路。位于关键线路上的工作称为关键工作,位于非关键线路上的工作则称为非关键工作。关键工作完成的快慢直接影响着整个计划的总工期。关键工作在网络图上通常用粗箭线、双箭线或红色箭线表示。当然,在一个网络图上,有可能出现多条关键线路,它们的计算工期是相等的。

在网络图中,关键工作的比重不宜过大,这样才有助于工地指挥者集中力量抓主要矛盾。

关键线路与非关键线路、关键工作与非关键工作,在一定条件下是可以相互转化的。例如,当采取了一定的技术组织措施,缩短了关键线路上有关工作的作业时间,或使其他非关键线路上有关工作的作业时间延长时,就可能出现这种情况。

(一)绘制双代号网络图的基本规则

(1)网络图必须正确地反映各工序的逻辑关系。在绘制网络图之前,要确定施工的顺序,明确各工作之间的衔接关系,根据施工的先后次序逐步把代表各工作的箭线连接起来,绘制成网络图。

(2)一个网络图只允许有一个起点节点和一个终点节点,即除网络的起点和终点外,不得再出现没有外向箭线的节点,也不得再出现没有内向箭线的节点。如果一个网络图中出现多个起点或多个终点,则此时可将没有内向箭线的节点全部并为一个节点,把没有外向箭线的节点也全部并为一个节点。

(3)网络图中不允许出现循环线路。在网络图中从某一节点出发,沿某条线路前进,最后又回到此节点,出现循环现象,就是循环线路。

(4)网络图中不允许出现代号相同的箭线。网络图中每一条箭线都各有一个开始节点和结束节点的代号,号码不能完全重复。一项工作只能有唯一的代号。

(5)网络图中严禁出现没有箭尾节点的箭线和没有箭头节点的箭线。

(6)网络图中严禁出现双向箭头或无箭头的线段。因为网络图是一种单向图,施工活动是沿着箭头指引的方向去逐项完成的。因此,一条箭线只能有一个箭头,且不可能出现无箭头的线段。

(7)绘制网络图时,应尽量避免箭线交叉。当交叉不可避免时,可采用过桥法或断线法表示。

(8)如果要表明某工作完成一定程度后,后道工序要插入,可采用分段画法,不得从箭线中引出另一条箭线。

(二)双代号网络图绘制示例

双代号网络图绘制步骤如下:

(1)根据已知的紧前工作,确定出紧后工作,并自左至右先画紧前工作,后画紧后工作。

(2)若没有相同的紧后工作或只有相同的紧后工作,则肯定没有虚箭线;若既有相同的紧后工作,又有不同的紧后工作,则肯定有虚箭线。

(3)到相同的紧后工作用虚箭线,到不同的紧后工作则无虚箭线。

(三)双代号网络图时间参数计算

网络图时间参数计算的目的是确定各节点的最早可能开始时间和最迟必须开始时间,各工作的最早可能开始时间和最早可能完成时间、最迟必须开始时间和最迟必须完成时间,以及各工作的总时差和自由时差,以便确定整个计划的完成日期、关键工作和关键线路,从而为网络计划的执行、调整和优化提供科学数据。时间参数的计算可采用不同的方法,如图上作业法、表上作业法和电算法等。

二、单代号网络图

(一)单代号网络图的表示方法

单代号网络图也是由许多节点和箭线组成的,但是节点和箭线的意义与双代号有所不同。单代号网络图的一个节点代表一项工作(节点代号、工作名称、作业时间都标注在节点圆圈或方框内,如图 7-1 所示),而箭线仅表示各项工作之间的逻辑关系。因此,箭线既不占用时间,也不消耗资源。用这种表示方法,把一项计划的所有施工过程按其先后顺序和逻辑关系从左至右绘制成的网状图形,叫作单代号网络图。用这种网络图表示的计划叫单代号网络计划。

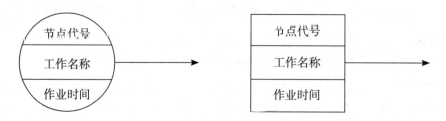

图 7-1 单位与网络图

与双代号网络图相比,单代号网络图具有以下优点:工作之间的逻辑关系更为明确,容易表达,且没有虚工作;网络图绘制简单,便于检查、修改。因此,国内单代号网络图得到越来越广泛的应用,而国外单代号网络图早已取代双代号网络图。

图 7-2(a)、(b)所示的两个网络图都有四项工作,逻辑关系也相同,但图 7-2(a)是用双代号表示的,图 7-2(b)则是用单代号表示的。很显然,图 7-2(b)比图 7-2(a)更简单、直观。

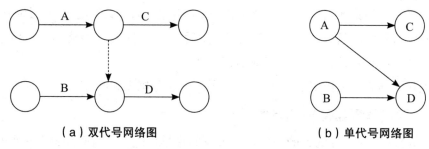

（a）双代号网络图　　　　　　　　　　　（b）单代号网络图

图 7-2 两种网络图

（二）单代号网络图的绘制规则

同双代号网络图一样,绘制单代号网络图也必须遵循一定的规则,这些基本规则具体如下:

①网络图必须按照已定的逻辑关系绘制。

②不允许出现循环线路。

③工作代号不允许重复,一个代号只能代表唯一的工作。

④当有多项开始工作或多项结束工作时,应在网络图两端分别增加一个虚拟的起点节点和终点节点。

⑤严禁出现双向箭头或无箭头的线段。

⑥严禁出现没有箭尾节点或箭头节点的箭线。

第 八 章　施工安全管理

第一节　施工安全管理概述

一、安全管理概念

安全生产是指生产过程处于避免人身伤害、设备损坏及其他不可接受的损害风险（危险）的状态。不可接受的损害风险（危险）是指：超出了法律、法规和规章的要求，超出了方针、目标和企业规定的其他要求，超出了人们普遍接受的要求。建筑工程安全生产管理是指建设行政主管部门、建筑安全监督管理机构、建筑施工企业及有关单位对建筑安全生产过程中的安全工作，进行计划、组织、指挥、控制、监督、调节和改进等一系列致力于满足生产安全的管理活动。

（一）建筑工程安全生产管理的特点

1.安全生产管理涉及面广、涉及单位多

由于建筑工程规模大，生产工艺复杂、工序多，在建造过程中流动作业多、高处作业多，作业位置多变，遇到不确定因素多，所以安全管理工作涉及范围大、控制面广。安全管理不仅是施工单位的责任，还包括建设单位、勘察设计单位、监理单位，这些单位也要为安全管理承担相应的责任和义务。

2.安全生产管理的动态性

①由于建筑工程项目的单件性，使得每项工程所处的条件不同，所面临的危险因素和防范措施也不同。

②工程项目的分散性。

施工人员在施工过程中，分散于施工现场的各个部位，当他们面对各种具体的生产问题时，一般依靠自己的经验和知识进行判断并做出决定，从而增加了施工过程中由不安全行为而导致事故的风险。

3.安全生产管理的交叉性

建筑工程项目是开放系统，受自然环境和社会环境影响很大，安全生产管理需要把工程系统和环境系统及社会系统相结合。

4. 安全生产管理的严谨性

安全状态具有触发性,安全管理措施必须严谨,一旦失控,就会造成损失和伤害。

（二）建筑工程安全生产管理的方针

"安全第一"是建筑工程安全生产管理的原则和目标,"预防为主"是实现安全第一的重要手段。

（三）建筑工程安全管理的原则

（1）"管生产必须管安全"的原则。一切从事生产、经营的单位和管理部门都必须管安全,全面开展安全工作。

（2）"安全具有否决权"的原则。安全管理工作是衡量企业经营管理工作好坏的一项基本内容,在对企业进行各项指标考核时,必须首先考虑安全指标的完成情况。安全生产指标具有一票否决的作用。

（3）职业安全卫生"三同时"的原则。"三同时"指建筑工程项目其劳动安全卫生设施必须符合国家规范规定的标准,必须与主体工程同时设计、同时施工、同时投入生产和使用。

（四）建筑工程安全生产管理有关法律、法规与标准、规范

1. 法治是强化安全管理的重要内容

法律是上层建筑的组成部分,为其赖以建立的经济基础服务。

2. 事故处理"四不放过"的原则

①事故原因分析不清不放过。

②事故责任者和群众没有受到教育不放过。

③没有采取防范措施不放过。

④事故责任者没有受到处理不放过。

（五）安全生产管理体制

当前我国的安全生产管理体制是"企业负责、行业管理、国家监察和群众监督、劳动者遵章守法"。

（六）安全生产责任制度

安全生产责任制度是建筑生产中最基本的安全管理制度,是所有安全规章制度的核心。安全生产责任制度是指将各种不同的安全责任落实到具体安全管理的人员和具体岗位人员身上的一种制度。这一制度是安全第一、预防为主的具体体现,是建筑安全生产的基本制度。

（七）安全生产目标管理

安全生产目标管理就是根据建筑施工企业的总体规划要求,制定出在一定时期内安全生产方面所要达到的预期目标并组织实现此目标。其基本内容是确定目标、目标分解、执行目标、检查总结。

（八）施工组织设计

施工组织设计是组织建设工程施工的纲领性文件，是指导施工准备和组织施工的全面性的技术、经济文件，是指导现场施工的规范性文件。施工组织设计必须在施工准备阶段完成。

（九）安全技术措施

安全技术措施是指为防止工伤事故和职业病的危害，从技术上采取的措施。在工程施工中，是指针对工程特点、环境条件、劳力组织、作业方法、施工机械、供电设施等制定的确保安全施工的措施。

安全技术措施也是建设工程项目管理实施规划或施工组织设计的重要组成部分。

（十）安全技术交底

安全技术交底是落实安全技术措施及安全管理事项的重要手段之一。重大安全技术措施及重要部位的安全技术由公司负责人向项目经理部技术负责人进行书面的安全技术交底；一般安全技术措施及施工现场应注意的安全事项由项目经理部技术负责人向施工作业班组、作业人员做出详细说明，并经双方签字认可。

（十一）安全教育

安全教育是实现安全生产的一项重要基础工作，它可以提高职工搞好安全生产的自觉性、积极性和创造性，增强安全意识，掌握安全知识，提高职工的自我防护能力，使安全规章制度得到贯彻执行。安全教育培训的主要内容有安全生产思想、安全知识、安全技能、安全操作规程标准、安全法规、劳动保护和典型事例。

（十二）班组安全活动

班组安全活动是指在上班前由班组长组织并主持，根据本班目前工作内容，重点介绍安全注意事项、安全操作要点，以达到组员在班前掌握安全操作要领，提高安全防范意识，减少事故发生的活动。

（十三）特种作业

特种作业是指在劳动过程中容易发生伤亡事故，对操作者本人，尤其对他人和周围设施的安全有重大危害因素的作业。直接从事特种作业者称特种作业人员。

（十四）安全检查

安全检查是指建设行政主管部门、施工企业安全生产管理部门或项目经理，对施工企业和工程项目经理部贯彻国家安全生产法律及法规的情况、安全生产情况、劳动条件、事故隐患等进行的检查。

（十五）安全事故

安全事故是人们在进行有目的的活动中，发生了违背人们意愿的不幸事件，使其有目的的行动暂时或永久的停止。重大安全事故是指在施工过程中由于责任过失造成工程倒塌或废弃、机械设备破坏和安全设施失当造成人身伤亡或者重大经济损失的事故。

（十六）安全评价

安全评价是采用系统科学方法，辨别和分析系统存在的危险性并根据其形成事故的风险大小，采取相应的安全措施，以达到系统安全的过程。安全评价的基本内容有识别危险源、评价风险、采取措施，直到达到安全目标。

（十七）安全标志

安全标志由安全色、几何图形符号构成，以此表达特定的安全信息。其目的是引起人们对不安全因素的注意，预防事故的发生。安全标志分为禁止标志、警告标志、指令标志、提示性标志四类。

二、工程施工特点

建筑业的生产活动危险性大，不安全因素多，是事故多发行业。建筑施工的特点如下：

（1）工程建设最大的特点就是产品固定，这是它不同于其他行业的根本点，建筑产品是固定的，体积大、生产周期长。建筑物一旦施工完毕就固定了，生产活动都是围绕着建筑物、构筑物来进行的，有限的场地上集中了大量的人员、建筑材料、设备零部件和施工机具等，这样的情况可以持续几个月或一年，有的甚至需要七八年，工程才能完成。

（2）高处作业多，工人常年在室外操作。一栋建筑物从基础、主体结构到屋面工程、室外装修等，露天作业约占整个工程的70%。现在的建筑物一般都在7层以上，绝大部分工人都在十几米或几十米的高处从事露天作业。工作条件差，且受到气候条件多变的影响。

（3）手工操作多，繁重的劳动消耗大量体力。建筑业是劳动密集型的传统行业之一，大多数工种需要手工操作。近年来，墙体材料有了改革，出现了大模、滑模、大板等施工工艺，但就全国来看，绝大多数墙体仍然是使用黏土砖、水泥空心砖和小砌块砌筑。

（4）现场变化大。每栋建筑物从基础、主体到装修，每道工序都不同，不安全因素也就不同，即使同一工序，由于施工工艺和施工方法不同，生产过程也不同。随着工程进度的推进，施工现场的施工状况和不安全因素也随之变化。为了完成施工任务，要采取很多临时性措施。

（5）近年来，建筑任务已由以工业为主向以民用建筑为主转变，建筑物由低层向高层发展，施工现场由较为宽阔的场地向狭窄的场地变化。施工现场的吊装工作量增多，垂直运输的办法也多了，多采用龙门架（或井字架）、高大旋转塔吊等。随着流水施工技术和网络施工技术的运用，交叉作业也随之大量增加，木工机械如电平刨、电锯普遍使用。因施工条件变化，伤亡事故增多。过去是"钉子扎脚"等小事故较多，现在则是机械伤害、高处坠落、触电等事故较多。

建筑施工复杂，加上流动分散、工期不固定，比较容易形成临时观念，不采取可靠的安全防护措施，存在侥幸心理，伤亡事故必然频繁发生。

第二节　施工安全因素

事故潜在的不安全因素是造成人身伤害、物的损失事故的先决条件,各种人身伤害事故均离不开物与人这两个因素。人的不安全行为和物的不安全状态,是造成绝大部分事故的原因。

一、安全因素特点

安全是在人类生产过程中,将系统的运行状态控制在人类能接受水平以下的状态。安全因素的定义就是在某一指定范围内与安全有关的因素。水利水电工程施工安全因素有以下特点:

(1)安全因素的确定取决于所选的分析范围,此处分析范围可以指整个工程,也可以针对具体工程的某一施工过程或者某一部分的施工,如围堰施工、升船机施工等。

(2)安全因素的辨识依赖对施工内容的了解,以及管理员安全风险的安全工作经验。

(3)安全因素具有针对性,并不是对整个系统事无巨细的考虑,安全因素的选取具有一定的代表性和概括性。

(4)安全因素具有灵活性,只要所分析的内容具有一定概括性,能达到系统分析的效果的,都可成为安全因素。

(5)安全因素是进行安全风险评价的关键点,是构成评价系统框架的节点。

二、安全因素辨识过程

安全因素是进行风险评价的基础,人们在辨识出安全因素的基础上,进行风险评价框架的构建。在进行水利水电工程施工安全因素的辨识时,首先对工程施工内容和施工危险源进行分析和了解,在危险源的认知基础上,以整个工程为分析范围,从管理、施工人员、材料、危险控制等各个方面结合以往的安全分析危险,进行安全因素的辨识。

宏观安全因素辨识工作需要收集以下资料:

(一)工程所在区域状况

(1)本地区有无地震、洪水、浓雾、暴雨、雪害、龙卷风及特殊低温等自然灾害?

(2)工程施工期间如发生火药爆炸、油库火灾爆炸等对邻近地区有何影响?

(3)工程施工过程中如发生大范围滑坡、塌方及其他意外情况对行船、导流、行车等有无影响?

(4)附近有无易燃、易爆、毒物泄漏的危险源,对本区域的影响如何?是否存在其他类型的危险源?

（5）工程施工过程中排土等是否会形成公害或对本工程及友邻工程产生不良影响？

（6）公用设施如供水、供电等是否充足？重要设施有无备用电源？

（7）本地区消防设备和人员是否充足？

（8）本地区医院、救护车及救护人员等配置是否适当？有无现场紧急抢救措施？

（二）安全管理情况

（1）安全机构、安全人员设置满足安全生产要求与否？

（2）怎样进行安全管理的计划、组织协调、检查、控制工作？

（3）对施工队伍中各类用工人员是否实行了安全一体化管理？

（4）有无安全考评及奖罚方面的措施？

（5）如何进行事故处理？同类事故发生情况如何？

（6）隐患整改如何？

（7）是否制订有切实有效且操作性强的防灾计划？领导是否经常过问？关键性设备、设施是否定期进行试验、维护？

（8）整个施工过程是否制定完善的操作规程和岗位责任制？实施状况如何？

（9）程序性强的作业（如起吊作业）及关键性作业（如停送电、放炮）是否实行标准化作业？

（10）是否进行在线安全训练？职工是否掌握必备的安全抢救常识和紧急避险、互救知识？

（三）施工措施安全情况

（1）是否设置了明显的工程界限标识？

（2）有可能发生塌陷、滑坡、爆破飞石、吊物坠落等危险的场所是否标定合适的安全范围并设有警示标志或信号？

（3）友邻工程施工中在安全上相互影响的问题是如何解决的？

（4）特殊危险作业是否规定了严格的安全措施？能强制实施否？

（5）可能发生车辆伤害的路段是否设有合适的安全标志？

（6）作业场所的通道是否良好？是否有滑倒、摔伤的危险？

（7）所有用电设施是否按要求接地、接零？人员可能触及的带电部位是否采取有效的保护措施？

（8）可能遭受雷击的场所是否采取了必要的防雷措施？

（9）作业场所的照明、噪声、有毒有害气体浓度是否符合安全要求？

（10）所使用的设备、设施、工具、附件、材料是否具有危险性？是否定期进行检查确认？有无检查记录？

（11）作业场所是否存在冒顶片帮或坠井、掩埋的危险？曾经采取了哪些措施？

（12）登高作业是否采取了必要的安全措施（可靠的跳板、护栏、安全带等）？

（13）防、排水设施是否符合安全要求？

（14）劳动防护用品适应作业要求之情况,发放数量、质量、更换周期满足要求与否？

（四）油库、炸药库等易燃、易爆危险品

（1）危险品名称、数量、设计最大存放量是否了解？

（2）危险品化学性质及其燃点、闪点、爆炸极限、毒性、腐蚀性等是否了解？

（3）危险品是否根据其用途及特性分开存放？

（4）危险品与其他设备、设施等之间的距离、爆破器材分放点之间是否有殉爆的可能性？

（5）存放场所的照明及电气设施的防爆、防雷、防静电情况如何？

（6）存放场所的防火设施是否配置有消防通道？有无烟、火自动检测报警装置？

（7）存放危险品的场所是否有专人24小时值班,有无具体岗位责任制和危险品管理制度？

（8）危险品的运输、装卸、领用、加工、检验、销毁是否严格按照安全规定进行？

（9）危险品运输、管理人员是否掌握火灾、爆炸等危险状况下的避险、自救、互救的知识？是否定期进行必要的训练？

（五）起重运输大型作业机械情况

（1）运输线路里程、路面结构、平交路口、防滑措施等情况如何？

（2）指挥、信号系统情况如何？信息通道是否存在干扰？

（3）人—机系统匹配有何问题？

（4）设备检查、维护制度和执行情况如何？是否实行各层次的检查？周期多长？是否实行定期维修？周期多长？

（5）司机是否经过作业适应性检查？

（6）过去事故情况如何？

以上这些因素均是进行施工安全风险因素识别时需要考虑的主要因素。实际工作中需考虑的因素可能比上述因素还要多。

三、施工过程行为因素

采用HFACS框架对导致工程施工事故发生的行为因素进行分析。对标准的HFACS框架进行修订,以适应水电工程施工实际的安全管理、施工作业技术措施、人员素质等状况。框架的修改遵循4个原则。

（1）删除在事故案例分析中出现频率极少的因素,包括对工程施工影响较小和难以在事故案例中找到的潜在因素。

（2）对相似的因素进行合并,避免重复统计,无形之中提高类似因素在整个工程施工中的重要性。

（3）针对水电工程施工的特点，对因素的定义、因素的解释和其涵盖的具体内容进行适当调整。

（4）HFACS框架是从国外引进的，将部分因素的名称加以修改，以更贴合我国工程施工安全管理业务的习惯用语。

对标准HFACS框架修改如下：

（一）企业组织影响（L4）

企业（包括水电开发企业、施工承包单位、监理单位）组织层的差错属于最高级别的差错，它的影响通常是间接的、隐性的，因而常会被安全管理人员所忽视。在进行事故分析时，很难挖掘出企业组织层的缺陷；而一经发现，其改正的代价很高，但是却更能加强系统的安全。一般而言，组织影响包括3个方面。

（1）资源管理：资源管理主要指组织资源分配及维护决策存在的问题，如安全组织体系不完善、安全管理人员配备不足、资金设施等管理不当、过度削减与安全相关的经费（安全投入不足）等。

（2）安全文化与氛围：安全文化与氛围可以定义为影响管理人员与作业人员绩效的多种变量，包括组织文化和政策，比如信息流通传递不畅、企业政策不公平、只奖不罚或滥奖、过于强调惩罚等都属于不良的文化与氛围。

（3）组织流程：组织流程主要涉及组织经营过程中的行政决定和流程安排，如施工组织设计不完善、企业安全管理程序存在缺陷、制定的某些规章制度及标准不完善等。

其中，"安全文化与氛围"这一因素，虽然在提高安全绩效方面具有积极作用，但不好定性衡量，在事故案例报告中也未明确指明，而且在工程施工各类人员成分复杂的结构当中，其传播较难有一个清晰的脉络。为了简化分析过程，将该因素去除。

（二）安全监管（L3）

（1）监督（培训）不充分：监督（培训）不充分指监督者或组织者没有提供专业的指导、培训、监督等。若组织者没有提供充足的CRM培训，或某个管理人员、作业人员没有这样的培训机会，则班组协同合作能力将会大受影响，出现差错的概率必然增加。

（2）作业计划不适当：作业计划不适当包括这样几种情况，班组人员配备不当，如没有职工带班，没有提供足够的休息时间，任务或工作负荷过量。整个班组的施工节奏以及作业安排由于赶工期等原因安排不当，会使作业风险加大。

（3）隐患未整改：隐患未整改指的是管理者知道人员、培训、施工设施、环境等相关安全领域的不足或隐患之后，仍然允许其持续下去的情况。

（4）管理违规：管理违规指的是管理者或监督者有意违反现有的规章程序或安全操作规程，如允许没有资格、未取得相关特种作业证的人员作业等。

以上四种因素在事故案例报告中均有体现，虽然相互之间有关联，但各有差异，彼此独立，因此，均加以保留。

（三）不安全行为的前提条件（L2）

这一层级指出了直接导致不安全行为发生的主客观条件，包括作业人员状态、环境因素和人员因素。将"物理环境"改为"作业环境"、"施工人员资源管理"改为"班组管理"、"人员准备情况"改为"人员素质"。定义如下。

（1）作业环境：作业环境既指操作环境（如气象、高度、地形等），也指施工人员周围的环境，如作业部位的高温、振动、照明、有害气体等。

（2）技术措施：技术措施包括安全防护措施、安全设备和设施设计、安全技术交底的情况，以及作业程序指导书与施工安全技术方案等一系列情况。

（3）班组管理：班组管理属于人员因素，常为许多不安全行为的产生创造前提条件。未认真开展"班前会"及搞好"预知危险活动"；在施工作业过程中，安全管理人员、技术人员、施工人员等相互间信息沟通不畅、缺乏团队合作等属于班组管理不良问题。

（4）人员素质：人员素质包括体力（精力）差、不良心理状态与不良生理状态等生理心理素质，如精神疲劳，失去情境意识，工作中自满、安全警惕性差等属于不良心理状态；生病、身体疲劳或服用药物等引起生理状态差，当操作要求超出个人能力范围时会出现身体、智力局限，同时为安全埋下隐患，如视觉局限、休息时间不足、体能不适应等；以及没有遵守施工人员的休息要求、培训不足、滥用药物等属于个人准备情况的不足。

将标准HFACS的"体力（精力）限制""不良心理状态"与"不良生理状态"合并，是因为这三者可能互相影响和转换。"体力（精力）限制"可能会导致"不良心理状态"与"不良生理状态"，此处便产生了重复，增加了心理和生理状态在所有因素当中的比重。同时，"不良心理状态"与"不良生理状态"之间也可能相互转化，由于心理状态的失调往往会带来生理上的伤害，而生理上的疲劳等因素又会引起心理状态的变化，两者相辅相成，常常是共同存在的。此外，没有充分的休息、滥用药物、生病、心理障碍也可以归结为人员准备不足，因此，将"体力（精力）限制""不良心理状态"与"不良生理状态"合并至"人员素质"。

（四）施工人员的不安全行为（L1）

人的不安全行为是系统存在问题的直接表现，将这种不安全行为分成3类：知觉与决策差错、技能差错以及操作违规。

（1）知觉与决策差错："知觉差错"和"决策差错"通常是并发的，由于对外界条件、环境因素以及施工器械状况等现场因素感知上产生了失误，导致做出错误的决定。决策差错指由于经验不足、缺乏训练或外界压力等造成，也可能理解问题不彻底，如紧急情况判断错误、决策失败等。知觉差错指一个人的感知觉和实际情况不一致，就像出现视觉错觉和空间定向障碍一样，可能是由于工作场所光线不足，或在不利地质、气象条件下作业等。

（2）技能差错：技能差错包括漏掉程序步骤、作业技术差、作业时注意力分配不当等。不依赖于所处的环境，而是由施工人员的操作水平等导致的，这叫技能差错。

（3）操作违规：故意或者主观不遵守确保安全作业的规章制度，分为习惯性违章和偶然性违规。前者是组织或管理人员能容忍和默许的，一般会被禁止。

应用 HFACS 框架对行为因素导致事故的情况初步分类，在求证判别一致性的基础上，分析了导致事故发生的主要因素。基于 HFACS 框架的静态分析只是将行为因素按照不同的层次进行了重新配置，没有寻求因素的发生过程和事故的解决之道。因此，有必要在此基础上，对 HFACS 框架当中相邻层次之间因素的联系进行分析，指出每个层次的因素如何被上一层次的因素影响，以及作用于下一层次的因素，从而有利于针对某因素制定安全防范措施的时候，能够承上启下，进行综合考虑，从源头上避免该类因素的产生，并且能够有效抑制由于该因素发生而产生的连锁反应。

采用统计性描述，揭示不良的企业组织影响如何通过组织流程等因素向下传递造成安全监管的失误，安全监管的错误决定了安全检查与培训等力度，决定了是否严格执行安全管理规章制度等，决定了对隐患是否漠视等，这些错误是造成不安全行为的前提条件，进一步影响了施工人员的工作状态，最终导致事故的发生。进行统计学分析的目的是为了提供邻近层次的不同种类之间因素的概率数据，用来确定框架当中高层次对低层次因素的影响程度。

第三节　安全管理体系

一、安全管理体系内容

（一）建立健全安全生产责任制

安全生产责任制是安全管理的核心，是保障安全生产的重要手段，它能有效预防事故的发生。

安全生产责任制是根据"管生产必须管安全""安全生产人人有责"的原则，明确各级领导和各职能部门及各类人员在生产活动中应负的安全职责的制度。有安全生产责任制，就能把安全与生产从组织形式上统一起来，把"管生产必须管安全"的原则从制度上固定下来，从而增强了各级管理人员的安全责任心，使安全管理纵向到底、横向到边、专管成线、群管成网、责任明确、协调配合、共同努力，真正把安全生产工作落到实处。

安全生产责任制的内容要分级制定和细化，如企业、项目、班组都应建立各级安全生产责任制，按其职责分工，确定各自的安全责任，并组织实施和考评，保证安全生产责任制的落实。

（二）制定安全教育制度

安全教育制度是企业对职工进行安全法律、法规、规范、标准、安全知识和操作规程培训教育的制度,是提高职工安全意识的重要手段,是企业安全管理的一项重要内容。

安全教育制度内容应规定:定期和不定期安全教育的时间、应受教育的人员、教育的内容和形式,如新工人、外施队人员等进场前必须接受三级(公司、项目、班组)安全教育。从事危险性较大的特殊工种的人员必须经过专门的培训机构培训合格后持证上岗,每年还必须进行一次安全操作规程的训练和再教育。对采用新工艺、新设备、新技术和变换工种的人员应进行安全操作规程和安全知识的培训和教育。

(三)制定安全检查制度

安全检查是发现隐患、消除隐患、防止事故、改善劳动条件和环境的重要措施,是企业预防安全生产事故的一种重要手段。

安全检查制度内容应规定安全检查负责人、检查时间、检查内容和检查方式。它包括经常性的检查、专业化的检查、季节性的检查和专项性的检查,以及群众性的检查等。对于检查出的隐患应进行登记,并采取定人、定时间、定措施的"三定"办法给予解决,同时对整改情况进行复查验收,彻底消除隐患。

(四)制定各工种安全操作规程

工种安全操作规程是消除和控制劳动过程中的不安全行为,预防伤亡事故,确保作业人员的安全和健康需要的措施,也是企业安全管理的重要制度之一。

安全操作规程的内容应根据国家和行业安全生产法律、法规、标准、规范,结合施工现场的实际情况制定出各种安全操作规程。同时根据现场使用的新工艺、新设备、新技术,制定出相应的安全操作规程,并监督其实施。

(五)制定安全生产奖罚办法

企业制定安全生产奖罚办法的目的是不断提高劳动者进行安全生产的自觉性,调动劳动者的积极性和创造性,防止和纠正违反法律、法规和劳动纪律的行为,也是企业安全管理重要制度之一。

安全生产奖罚办法规定奖罚的目的、条件、种类、数额、实施程序等。企业只有建立安全生产奖罚办法,做到有奖有罚、奖罚分明,才能鼓励先进、督促落后。

(六)制定施工现场安全管理规定

施工现场安全管理规定是施工现场安全管理制度的基础,目的是规范施工现场安全防护设施的标准化、定型化。

施工现场安全管理规定的内容如下:施工现场一般安全规定、安全技术管理、脚手架工程安全管理(包括特殊脚手架、工具式脚手架等)、电梯井操作平台安全管理、马路搭设安全管理、大模板拆装存放安全管理、井字架龙门架安全管理、孔洞临边防护安全管理、拆除工程安全管理等。

（七）制订机械设备安全管理制度

机械设备是指目前建筑施工普遍使用的垂直运输和加工机具。由于机械设备本身存在一定的危险性,管理不当就可能造成机毁人亡,所以它是目前施工安全管理的重点对象。

机械设备安全管理制度应规定,大型设备应到上级有关部门备案,符合国家和行业有关规定,还应设专人负责定期进行安全检查、保养,保证机械设备处于良好状态。

（八）制定施工现场临时用电安全管理制度

施工现场临时用电是目前建筑施工现场离不开的一项操作,由于其使用广泛、危险性比较大,因此它牵涉到每个劳动者的安全,也是施工现场一项重要的安全管理制度。

施工现场临时用电管理制度的内容应包括外电的防护、地下电缆的保护、设备的接地与接零保护、配电箱的设置及安全管理规定(总箱、分箱、开关箱)、现场照明、配电线路、电器装置、变配电装置、用电档案的管理等。

（九）制定劳动防护用品管理制度

使用劳动防护用品是为了减轻或避免劳动过程中,劳动者受到的伤害和职业危害,保护劳动者安全健康的一项预防性辅助措施,是安全生产防止职业性伤害的需要,对于减少职业危害起着相当重要的作用。

劳动防护用品包括安全网、安全帽、安全带、绝缘用品、防职业病用品等。

二、建立健全安全组织机构

施工企业一般都有安全组织机构,但必须建立健全项目安全组织机构,确定安全生产目标,明确参与各方对安全管理的具体分工,安全岗位责任与经济利益挂钩,根据项目的性质规模不同,采用不同的安全管理模式。对于大型项目,必须安排专门的安全总负责人,并配备合理的班子,共同进行安全管理,建立安全生产管理资料档案。实行单位领导对整个施工现场负责,专职安全员对部位负责,班组长和施工技术员对各自的施工区域负责,操作者对自己的工作范围负责的"四负责"制度。

三、安全管理体系建立步骤

（一）领导决策

最高管理者亲自决策,以获得各方面的支持和在体系建立过程中所需的资源保证。

（二）成立工作组

最高管理者或授权管理者代表成立的工作小组负责建立安全管理体系。工作小组的成员要覆盖组织的主要职能部门,组长最好由管理者代表担任,以保证小组对人力、资金、信息的获取。

（三）人员培训

培训的目的是使有关人员了解建立安全管理体系的重要性，了解标准的主要思想和内容。

（四）初始状态评审

初始状态评审要对组织过去和现在的安全信息、状态进行收集、调查分析、识别，获取现有的、适用的法律、法规和其他要求，进行危险源辨识和风险评价，评审的结果将作为制定安全方针、管理方案、编制体系文件的基础。

（五）制订方针、目标、指标的管理方案

方针是组织对其安全行为的原则和意图的声明，也是组织自觉承担其责任和义务的承诺。方针不仅为组织确定了总的指导方向和行动准则，也是评价一切后续活动的依据，并为更加具体的目标和指标提供一个框架。

安全目标、指标的制定是组织为了实现其在安全方针中所体现出的管理理念及其对整体绩效的期许与原则，与企业的总目标一致。

管理方案是实现目标、指标的行动方案。为保证安全管理体系的实现，需结合年度管理目标和企业客观实际情况，策划制订安全管理方案。该方案应明确旨在实现目标、指标的相关部门的职责、方法、时间表及资源的要求。

第四节　施工安全控制

一、安全操作要求

（一）爆破作业

1.爆破器材的运输

气温低于10℃运输易冻的硝化甘油炸药时，应采取防冻措施；气温低于-15℃运输硝化甘油炸药时，也应采取防冻措施；禁止用翻斗车、自卸汽车、拖车、机动三轮车、人力三轮车、摩托车和自行车等运输爆破器材；运输炸药雷管时，装车高度要低于车厢10cm。车厢、船底应加软垫。雷管箱不许倒放或立放，层间也应垫软垫；水路运输爆破器材，停泊地点距岸上建筑物不得小于250m；汽车运输爆破器材，汽车的排气管宜设在车前下侧，并应设置防火罩装置；汽车在视线良好的情况下行驶时，时速不得超过20km（工区内不得超过15km）；在弯多坡陡、路面狭窄的山区行驶时，时速应保持在5km以内。平坦道路行车间距应大于50m，上下坡应大于300m。

2. 爆破

明挖爆破音响依次发出预告信号（现场停止作业，人员迅速撤离）、准备信号、起爆信号、解除信号。检查人员确认安全后，由爆破作业负责人通知警报室发出解除信号。在特殊情况下，如准备工作尚未结束，应由爆破负责人通知警报室延后发布起爆信号，并用广播器通知现场全体人员。装药和堵塞应使用木、竹制作的炮棍。严禁使用金属棍棒装填。

深孔、竖井、倾角大于 30°的斜井及有瓦斯和粉尘爆炸危险等工作面的爆破，禁止采用火花起爆；炮孔的排距较密时，导火索的外露部分不得超过 1.0m，以防止导火索互相交错而起火；一人连续单个点火的火炮，暗挖不得超过 5 个，明挖不得超过 10 个；并应在爆破负责人指挥下，做好分工及撤离工作；当信号炮响后，全部人员应立即撤出炮区，迅速到安全地点掩蔽；点燃导火索应使用专用点火工具，禁止使用火柴和打火机等。

用于同一爆破网路内的电雷管，电阻值应相同。网路中的支线、区域线和母线彼此连接之前各自的两端应绝缘；装炮前工作面一切电源应切除，照明至少设于距工作面 30m 以外，只有确认炮区无漏电、感应电后，才可装炮；雷雨天严禁采用电爆网路；供给每个电雷管的实际电流应大于准爆电流，网络中全部导线应绝缘；有水时导线应架空；各接头应用绝缘胶布包好，两条线的搭接口禁止重叠，至少应错开 0.1m；测试电阻只许使用经过检查的专用爆破测试仪表或线路电桥；严禁使用其他电气仪表进行量测；通电后若发生拒爆，应立即切断母线电源，将母线两端拧在一起，锁上电源开关箱进行检查；进行检查的时间：对于即发电雷管，至少在 10min 以后；对于延发电雷管，至少在 15min 以后。

导爆索只准用快刀切割，不得用剪刀剪断导火索；支线要顺主线传爆方向连接，搭接长度不应少于 15cm，支线与主线传爆方向的夹角应不大于 90°；起爆导爆索的雷管，其聚能穴应朝向导爆索的传爆方向；导爆索交叉敷设时，应在两根交叉爆索之间设置厚度不小于 10cm 的木质垫板；连接导爆索中间不应出现断裂破皮、打结或打圈现象。

用导爆管起爆时，应设计起爆网路，并进行传爆试验；网络中所使用的连接元件应经过检验合格；禁止导爆管打结，禁止在药包上缠绕；网路的连接处应牢固，两元件应相距 2m；敷设后应严加保护，防止冲击或损坏；一个 8 号雷管起爆导爆管的数量不宜超过 40 根，层数不宜超过 3 层，只有确认网络连接正确，与爆破无关人员已经撤离，才准许接入引爆装置。

（二）起重作业

钢丝绳的安全系数应符合有关规定。根据起重机的额定负荷，计算好每台起重机的吊点位置，最好采用平衡梁抬吊。每台起重机所分配的荷重不得超过其额定负荷的75%～80%。应有专人统一指挥，指挥者应站在两台起重机司机都能看到的位置。重物应保持水平，钢丝绳应保持铅直受力均衡。具备经有关部门批准的安全技术措施。起吊重物离地面 10cm 时，应停机检查绳扣、吊具和吊车的刹车可靠性，仔细观察周围有无障碍物。确认无问题后，方可继续起吊。

（三）脚手架拆除作业

拆脚手架前，必须将电气设备和其他管、线、机械设备等拆除或加以保护。拆脚手架时，应统一指挥，按顺序自上而下进行；严禁上下层同时拆除或自下而上进行。拆下的材料，禁止往下抛掷，应用绳索捆牢，用滑车、卷扬等方法慢慢放下来，集中堆放在指定地点。拆脚手架时，严禁采用将整个脚手架推倒的方法进行拆除。三级、特级及悬空高处作业使用的脚手架拆除时，必须事先制定安全可靠的措施才能进行拆除。拆除脚手架的区域内，无关人员禁止逗留和通过，在交通要道应设专人警戒。架子搭成后，未经有关人员同意，不得任意改变脚手架的结构和拆除部分杆子。

（四）常用安全工具

安全帽、安全带、安全网等施工生产使用的安全防护用具，应符合国家规定的质量标准，具有厂家安全生产许可证、产品合格证和安全鉴定合格证书，否则不得采购、发放和使用。高处临空作业应按规定架设安全网，作业人员使用的安全带，应挂在牢固的物体上或可靠的安全绳上，安全带严禁低挂高用。挂安全带用的安全绳，不宜超过 3m。在有毒有害气体可能泄漏的作业场所，应配置必要的防毒护具，以备急用，并及时检查维修更换，保证其处在良好待用状态。电气操作人员应根据工作条件选用适当的安全电工用具和防护用品，电工用具应符合安全技术标准并定期检查，凡不符合技术标准要求的绝缘安全用具、登高作业安全工具、携带式电压和电流指示器及检修中的临时接地线等，均不得使用。

进行提升和下降作业时，架上人员和材料的数量不得超过设计规定并尽可能减少。

升降前必须仔细检查附着连接和提升设备的状态是否良好，发现异常应及时查找原因并采取措施解决。

升降作业应统一指挥、协调动作。

在安装、升降、拆除作业时，应划定安全警戒范围并安排专人进行监护。

（五）洞口、临边防护控制

1. 洞口作业安全防护基本规定

（1）各种楼板与墙的洞口按其大小和性质应分别设置牢固的盖板、防护栏杆、安全网或其他防坠落的防护设施。

（2）坑槽、桩孔的上口柱形、条形等基础的上口及天窗等处都要作为洞口采取符合规范的防护措施。

（3）楼梯口、楼梯口边应设置防护栏杆或者用正式工程的楼梯扶手代替临时防护栏杆。

（4）井口除设置固定的栅门外还应在电梯井内每隔两层不大于 10m 处设一道安全平网进行防护。

（5）在建工程的地面入口处和施工现场人员流动密集的通道上方应设置防护棚，防止因落物产生物体打击事故。

（6）施工现场大的坑槽、陡坡等处除需设置防护设施与安全警示标牌外，夜间还应设红灯示警。

2. 洞口的防护设施要求

（1）楼板、屋面和平台等面上短边尺寸小于 25cm 但大于 2.5cm 的孔口必须用坚实的盖板盖严，盖板要有防止挪动移位的固定措施。

（2）楼板面等处边长为 25～50cm 的洞口、安装预制构件时的洞口以及因缺件临时形成的洞口可用竹、木等做盖板盖住洞口，盖板要保持四周搁置均衡并有固定其位置不发生挪动移位的措施。

（3）边长为 50～150cm 的洞口必须设置一层以扣件连接钢管而成的网格栅，并在其上满铺竹篾笆或脚手板，也可采用贯穿于混凝土板内的钢筋构成防护网栅、钢盘网格，间距不得大于 20cm。

（4）边长在 150cm 以上的洞口四周必须设防护栏杆，洞口下方设安全平网防护。

3. 施工用电安全控制

（1）施工现场临时用电设备在 5 台及以上或设备总容量在 50kW 及以上者应进行用电组织设计。临时用电设备在 5 台以下和设备总容量在 50kW 以下者应制定安全用电和电气防火措施。

（2）变压器中性点直接接地的低压电网临时用电工程必须采用 TN-S 接零保护系统。

（3）当施工现场与外线路共用同一供电系统时，电气设备的接地、接零保护应与原系统保持一致，不得一部分设备做保护接零，另一部分设备做保护接地。

（4）配电箱的设置。

①施工用电配电系统应设置总配电箱配电柜、分配电箱、开关箱，并按照"总—分—开"顺序做分级设置，形成"三级配电"模式。

②施工用电配电系统各配电箱、开关箱的安装位置要合理。总配电箱配电柜要尽量靠近变压器或外电源处，以便电源的引入。分配电箱应尽量安装在用电设备或负荷相对集中区域的中心地带，确保三相负荷保持平衡。开关箱安装的位置应视现场情况和工况尽量靠近其控制的用电设备。

③为保证临时用电，配电系统三相负荷平衡施工现场的动力用电和照明用电，应形成两个用电回路，动力配电箱与照明配电箱应该分别设置。

④施工现场所有用电设备必须有各自专用的开关箱。

⑤各级配电箱的箱体和内部设置必须符合安全规定，开关电器应标明用途，箱体应统一编号。停止使用的配电箱应切断电源，箱门上锁。固定式配电箱应设围栏并有防雨防砸措施。

（5）电器装置的选择与装配。

在开关箱中作为末级保护的漏电保护器，其额定漏电动作电流不应大于 30mA，额定漏电动作时间不应大于 0.1s。在潮湿、有腐蚀性介质的场所，漏电保护器要选用防溅型产品，其额定漏电动作电流不应大于 15mA，额定漏电动作时间不应大于 0.1s。

（6）施工现场照明用电。

①在坑、洞、井内作业，夜间施工或厂房、道路、仓库、办公室、食堂、宿舍、料具堆放场所及自然采光差的场所应设一般照明、局部照明或混合照明。一般场所宜选用额定电压 220V 的照明器。

②隧道、人防工程、高温、有导电灰尘、比较潮湿或灯具离地面高度低于 2.5m 等场所的照明电源电压不得大于 36V。

③潮湿和易触及带电体场所的照明电源电压不得大于 24V。

④特别潮湿场所、导电良好的地面、锅炉或金属容器内的照明电源电压不得大于 12V。

⑤照明变压器必须使用双绕组型安全隔离变压器，严禁使用自耦变压器。

⑥室外 220V 灯具距地面不得低于 3m，室内 220V 灯具距地面不得低于 2.5m。

4. 垂直运输机械安全控制

（1）外用电梯安全控制要点

外用电梯在安装和拆卸之前，必须针对其类型特点说明书的技术要求，结合施工现场的实际情况制订详细的施工方案。

外用电梯的安装和拆卸作业必须由取得相应资质的专业队伍进行安装，安装完毕，经验收合格取得政府相关主管部门核发的准用证后方可投入使用。

外用电梯在大雨、大雾和六级及六级以上大风天气时应停止使用。暴风雨过后应组织对电梯各有关安全装置进行一次全面检查。

（2）塔式起重机安全控制要点

塔吊在安装和拆卸之前必须针对类型特点说明书的技术要求，并结合作业条件制订详细的施工方案。

塔吊的安装和拆卸作业必须由取得相应资质的专业队伍进行安装，安装完毕，经验收合格取得政府相关主管部门核发的准用证后方可投入使用。

遇六级及六级以上大风等恶劣天气应停止作业，将吊钩升起。行走式塔吊要夹好轨钳。当风力达十级以上时应在塔身结构上设置缆风绳或采取其他措施加以固定。

第五节　安全应急预案

应急预案又称"应急计划"或"应急救援预案"，是针对可能发生的事故，为迅速、有序地开展应急行动、降低人员伤亡和经济损失而预先制订的有关计划或方案。它是在辨识和评估潜在重大危险、事故类型、发生的可能性、发生的过程、事故后果及影响严重程度的基础上，对应急机构职责、人员、技术、装备、设施、物资、救援行动及其指挥与协调方面预先做出的具体安排。应急预案明确在事故发生前、事故过程中以及事故发生后，谁负责做什么、何时做、怎么做以及相应的策略和资源准备等。

一、事故应急预案

为控制重大事故的发生，防止事故蔓延，有效地组织抢险和救援，政府和生产经营单位应对已初步认定的危险场所和部位进行风险分析。对认定的危险有害因素和重大危险源，应事先对事故后果进行模拟分析，预测重大事故发生后的状态、人员伤亡情况及设备破坏和损失程度，以及由于物料的泄漏可能引起的火灾、爆炸，有毒有害物质扩散对单位可能造成的影响。

依据预测，提前制订重大事故应急预案，组织、事故应急救援队伍，培训队伍成员配备事故应急救援器材，以便在重大事故发生后，能及时按照预定方案进行救援，在最短时间内使事故得到有效控制。编制事故应急预案主要目的有以下两个：

（1）采取预防措施使事故控制在局部，消除蔓延因素，防止突发性重大或连锁事故发生。

（2）能在事故发生后迅速控制和处理事故，尽可能减轻事故对人员及财产的影响，保障人员生命和财产安全。

事故应急预案是事故应急救援体系的主要组成部分，是事故应急救援工作的核心内容之一，是及时、有序、有效地开展事故应急救援工作的重要保障。事故应急预案的作用体现在以下几个方面：

（1）事故应急预案确定了事故应急救援的范围和体系，使事故应急救援不再无据可依、无章可循，尤其是通过培训和演练，可以使应急人员熟悉自己的任务，具备完成指定任务所需的相应能力，并检验预案和行动程序，评估应急人员的整体协调性。

（2）事故应急预案有利于做出及时的应急响应，降低事故风险。应急行动对时间要求十分敏感，不允许有任何拖延。事故应急预案预先明确了应急各方的职责和响应程序，在应急救援等方面进行了先期准备，可以指导事故应急救援迅速、高效、有序地开展，将事故造成的人员伤亡、财产损失和环境破坏降到最低限度。

（3）事故应急预案是各类突发事故的应急基础。通过编制事故应急预案，可以对那些事先无法预料的突发事故起到基本的应急指导作用，成为开展事故应急救援的"底线"。在此基础上，可以针对特定事故类别编制专项事故应急预案，并有针对性地制定应急措施、进行专项应对准备和演习。

（4）事故应急预案建立了与上级单位和部门事故应急救援体系的衔接。通过编制事故应急预案，可以确保当发生超过本级应急能力的重大事故时与有关应急机构的联系和协调。

（5）事故应急预案有利于提高风险防范意识。事故应急预案的编制、评审、发布、宣传、推演、教育和培训，有利于各方了解可能面临的重大事故及其相应的应急措施，有利于促进各方提高风险防范意识和能力。

二、应急预案的编制

（一）成立事故预案编制小组

应急预案的成功编制需要有关职能部门和团体的积极参与，并达成一致意见，尤其是应寻求与危险直接相关的各方进行合作。成立事故应急预案编制小组是将各有关职能部门、各类专业技术有效结合起来的最佳方式，既有效保证了应急预案的准确性、完整性和实用性，而且为应急各方提供了一个非常重要的协作与交流机会，有利于统一应急各方的不同观点和意见。

（二）危险分析和应急能力评估

为了准确策划事故应急预案的编制目标和内容，应开展危险分析和应急能力评估工作。为有效开展此项工作，预案编制小组首先应进行初步的资料收集，包括相关法律法规、应急预案、技术标准、国内外同行业事故案例分析、本单位技术资料、重大危险源等。

（1）危险分析。危险分析是应急预案编制的基础和关键。在危险因素辨识分析、评价及事故隐患排查、治理的基础上，确定本区域或本单位可能发生事故的危险源、事故的类型、影响范围和后果等，并指出事故可能产生的次生、衍生事故，形成分析报告，分析结果作为应急预案的编制依据。危险分析主要内容为危险源的分析和危险度评估。危险源的分析主要包括有毒、有害、易燃、易爆物质的企事业单位的名称、地点、种类、数量、分布、产量、储存、危险度、以往事故发生情况和发生事故的诱发因素等。事故源潜在危险度的评估就是在对危险源进行全面调查的基础上，对企业单位的事故潜在危险度进行全面的科学评估，为确定目标单位危险度的等级找出科学的数据依据。

（2）应急能力评估。应急能力评估就是依据危险分析的结果，对应急资源的准备状况充分性和从事应急救援活动所具备的能力进行评估，以明确应急救援的需求和不足，为事故应急预案的编制奠定基础。应急能力包括应急资源（应急人员、应急设施、装备和物资）、应急人员的技术、经验和接受的培训等，它将直接影响应急行动的快速、有效性。制订应急预案时应当在评估与潜在危险相适应的应急能力的基础上，选择最现实、最有效的应急策略。

（三）应急预案编制

针对可能发生的事故，结合危险分析和应急能力评估结果等信息，按照应急预案的相关法律法规的要求编制应急救援预案。应急预案编制过程中，应注意编制人员的参与和培训，充分发挥他们各自的专业优势，使他们掌握危险分析和应急能力评估结果，明确应急预案的框架、应急过程行动重点及应急衔接、联系要点等。同时编制的应急预案应充分利用社会应急资源，考虑与政府应急预案、上级主管单位及相关部门的应急预案相衔接。

（四）应急预案的评审和发布

（1）应急预案的评审。为使预案切实可行、科学合理及与实际情况相符，尤其是重点目标下的具体行动预案,编制前后需要组织有关部门、单位的专家、领导到现场进行实地勘察,如重点目标周围地形、环境、指挥所位置、分队行动路线、展开位置、人口疏散道路及流散地域等实地勘察、实地确定。经过实地勘察修改预案后,应急预案编制单位或管理部门还要依据我国有关应急的方针、政策、法律、法规、规章、标准和其他有关应急预案编制的指南性文件与评审检查表,组织有关部门、单位的领导和专家进行评议,取得政府有关部门和应急机构的认可。

(2)应急预案的发布。事故应急救援预案经评审通过后,应由最高行政负责人签署发布,并报送有关部门和应急机构备案。预案经批准发布后,应组织落实预案中的各项工作,如开展应急预案宣传、教育和培训,落实应急资源并定期检查,组织开展应急演习和训练,建立电子化的应急预案,对应急预案实施动态管理与更新,并不断完善。

三、事故应急预案的主要内容

一个完整的事故应急预案主要包括以下 6 个方面的内容:

(一)事故应急预案概况

事故应急预案概况主要描述生产经营单位概况以及危险特性状况等,同时对紧急情况下事故应急救援紧急事件、适用范围提供简述并做必要说明,如明确应急方针与原则,作为开展应急的纲领。

(二)预防程序

预防程序是对潜在事故、可能的次生与衍生事故进行分析,并说明所采取的预防和控制事故的措施。

(三)准备程序

准备程序应说明应急行动前所需采取的准备工作,包括应急组织及其职责权限、应急队伍建设和人员培训、应急物资的准备、预案的演练、公众的应急知识培训、签订互助协议等。

(四)应急程序

在事故应急救援过程中,存在一些必需的核心功能和任务,如接警与通知、指挥与控制、警报和紧急公告、通信、事态监测与评估、警戒与治安、人群疏散与安置、医疗与卫生、公共关系、应急人员安全、消防和抢险、泄漏物控制等,无论哪种应急过程都必须围绕上述功能和任务开展。应急程序主要指实施上述核心功能和任务的步骤。

(1)接警与通知。准确了解事故的性质和规模等初始信息是决定启动事故应急救援的关键。接警作为应急响应的第一步,必须对接警要求做出明确规定,保证迅速、准确地向报警人员询问事故现场的重要信息。接警人员接受报警后,应按预先确定的通报程序,迅速向有关应急机构、政府及上级部门发出事故通知,以采取相应的行动。

(2)指挥与控制。建立统一的应急指挥、协调和决策程序,便于对事故进行初始评估,一旦进入紧急状态，可以迅速有效地进行应急响应决策，建立现场工作区域，确定重点保护区域，指挥和协调现场各救援队伍开展救援行动，合理高效地调配和使用应急资源等。

（3）警报和紧急公告。当事故可能影响到周边地区，对周边地区的公众可能造成威胁时，应及时启动警报系统，向公众发出警报，同时通过各种途径向公众发出紧急公告，告知事故性质、对健康的影响、自我保护措施、注意事项等，以保证公众能够及时进行自我保护。决定实施疏散时，应通过紧急公告确保公众了解疏散的有关信息，如疏散时间、路线、随身携带物、交通工具及目的地等。

（4）通信。通信是应急指挥、协调和与外界联系的重要保障，在现场指挥部、应急中心、各事故应急救援组织、新闻媒体、医院、上级政府和外部救援机构之间，必须建立完善的应急通信网络，在事故应急救援过程中应始终保持通信网络畅通，并设立备用通信系统。

（5）事态监测与评估。在事故应急救援过程中必须对事故的发展势态及影响及时进行动态监测，建立对事故现场及场外的监测和评估程序。事态监测在事故应急救援中起着非常重要的决策支持作用，其结果不仅是控制事故现场、制定消防、抢险措施的重要决策依据，也是划分现场工作区域、保障现场应急人员安全、实施公众保护措施的重要依据。即使在现场恢复阶段，也应当对现场和环境进行监测。

（6）警戒与治安。为保障现场事故应急救援工作的顺利开展，在事故现场周围建立警戒区域，实施交通管制，维护现场治安秩序是十分必要的，其目的是要防止与救援无关的人员进入事故现场，保障救援队伍、物资运输和人群疏散等的交通畅通，并避免发生不必要的伤亡。

（7）人群疏散与安置。人群疏散是防止人员伤亡扩大的关键，也是最彻底的应急响应。应当对疏散的紧急情况和决策、预防性疏散准备、疏散区域、疏散距离、疏散路线、疏散运输工具、避难场所及回迁等做出细致的规定和准备，应考虑疏散人群的数量、所需要的时间、风向等环境变化以及老弱病残等特殊人群的疏散等问题。对已实施临时疏散的人群，要做好临时生活安置，保障必要的水、电、卫生等基本条件。

（8）医疗与卫生。对受伤人员采取及时、有效的现场急救，合理转送医院进行治疗，是减少事故现场人员伤亡的关键。医疗人员必须了解城市主要的危险并经过培训，掌握对受伤人员进行正确消毒和治疗的方法。

（9）公共关系。事故发生后，不可避免地要引起新闻媒体和公众的关注。应将有关事故的信息、影响、救援工作的进展等情况及时向媒体和公众公布，以消除公众的恐慌心理，避免公众的猜疑和不满。应保证事故和救援信息的统一发布，避免信息的不一致。同时，还应处理好公众的有关咨询，接待和安抚受害者家属。

（10）应急人员安全。水利水电工程施工安全事故的应急救援工作危险性极大，必须对应急人员自身的安全问题进行周密的考虑，包括安全预防措施、个体防护设备、现场安全监测等，明确紧急撤离应急人员的条件和程序，保证应急人员免受事故的伤害。

（11）抢险与救援。抢险与救援是事故应急救援工作的核心内容之一，其目的是为了尽快控制事故,防止事故的蔓延和进一步扩大,并积极营救事故现场的受害人员。尤其是涉及危险物质的泄漏、火灾事故,其消防和抢险工作的难度和危险性巨大,应对消防和抢险的器材和物资、人员的培训、方法和策略以及现场指挥等做好周密的安排和准备。

(12)危险物质控制。危险物质的泄漏或失控,将可能引发火灾、爆炸等,对工人和设备等造成严重危险。另外,泄漏的危险物质以及夹带了有毒物质的灭火用水,都可能对环境造成重大影响,同时也会给现场救援工作带来更大的危险。因此,必须对危险物质进行及时有效的控制,如对泄漏物的围堵、收容和洗消,并进行妥善处置。

(五)恢复程序

恢复程序是说明事故现场应急行动结束后所需采取的清除和恢复行动。现场恢复是在事故被控制住后进行的短期恢复,从应急过程来说意味着事故应急救援工作的结束,并进入另一个工作阶段,即将现场恢复到一个基本稳定的状态。经验教训表明,在现场恢复过程中仍存在潜在的危险,如余烬复燃、受损建筑物倒塌等,所以,应充分考虑现场恢复过程中的危险,制定恢复程序,防止事故再次发生。

(六)预案管理与评审改进

事故应急预案是事故应急救援工作的指导文件。应当对预案的制订、修改、更新、批准和发布做出明确的管理规定,保证定期或在应急演习、事故应急救援后对事故应急预案进行评审,不断地完善事故应急预案体系。

四、应急预案的内容

根据《生产经营单位生产安全事故应急预案编制导则》(GB/T 29639—2013),应急预案可分为综合应急预案、专项应急预案和现场处置方案3个层次。

综合应急预案是应急预案体系的总纲,主要从总体上阐述事故的应急工作原则,包括应急组织机构及职责、应急预案体系、事故风险描述、预警及信息报告、应急响应、保障措施、应急预案管理等内容。

专项应急预案是为应对某一类型或某几种类型事故,或者针对重要生产设施、重大危险源、重大活动等内容制订的应急预案。专项应急预案主要包括事故风险分析、应急指挥机构及职责、处置程序和措施等内容。

现场处置方案是根据不同事故类别,针对具体的场所、装置或设施所制定的应急处置措施,主要包括事故风险分析、应急工作职责、应急处置和注意事项等内容。水利水电工程建设参建各方应根据风险评估、岗位操作规程以及危险性控制措施,组织本单位现场作业人员及相关专业人员共同编制现场处置方案。

应急预案应形成体系,针对各级各类可能发生的事故和所有危险源制订专项应急预案和现场处置方案,并明确事前、事发、事中、事后各个过程中相关单位、部门和有关人员的职责。水利水电工程建设项目应根据现场情况,详细分析现场具体风险(如某处易发生滑坡事故),编制现场处置方案;分析工程现场的风险类型(如人身伤亡),编写专项应急预案,由监理单位与项目法人起草,相关领导审核,向各施工企业发布;综合分析现场风险,应急行动、措施和保障等基本要求和程序,编写综合应急预案,由项目法人编写,项目法人领导审批,向监理单位、施工企业发布。

由于综合应急预案是综述性文件,因此需要要素全面,而专项应急预案和现场处置方案要素重点在于制定具体救援措施,因此对单位概况等基本要素不做内容要求。

五、应急预案的编制步骤

应急预案的编制应参照《生产经营单位生产安全事故应急预案编制导则》(GB/T 29639—2013),预案的编制过程大致可分为下列六个步骤。

(一)成立预案编制工作组

水利水电工程建设参建各方应结合本单位实际情况,成立以主要负责人为组长的应急预案编制工作组,明确编制任务、职责分工,制订工作计划,组织开展应急预案编制工作。应急预案编制需要安全、工程技术、组织管理、医疗急救等方面的知识,因此应急预案编制工作组是由各方面的专业人员或专家、预案制订和实施过程中所涉及或受影响的部门负责人及具体执行人员组成。必要时,编制工作组也可以邀请地方政府相关部门、水行政主管部门或流域管理机构代表作为成员。

(二)收集相关资料

收集应急预案编制所需的各种资料是一项非常重要的基础工作。掌握相关资料的多少、资料内容的详细程度和资料的可靠性将直接关系到应急预案编制工作是否能够顺利进行,以及能否编制出质量较高的事故应急预案。

需要收集的资料如下:

(1)适用的法律、法规和标准。

(2)本水利水电工程建设项目与国内外同类工程建设项目的事故资料及事故案例分析。

(3)施工区域布局,工艺流程布置,主要装置、设备、设施布置,施工区域主要建(构)筑物布置等。

(4)原材料、中间体、中间和最终产品的理化性质及危险特性。

(5)施工区域周边情况及地理、地质、水文、环境、自然灾害、气象资料。

(6)事故应急所需的各种资源情况。

(7)同类工程建设项目的应急预案。

(8)政府的相关应急预案。

(9)其他相关资料。

（三）风险评估

风险评估是编制应急预案的关键，所有应急预案都建立在风险分析基础之上。在危险因素分析、危险源辨识及事故隐患排查、治理的基础上，确定本水利水电工程建设项目的危险源、可能发生的事故类型等，进行事故风险分析，并指出事故可能导致的次生、衍生事故及后果，形成分析报告，分析结果将作为事故应急预案的编制依据。

（四）应急能力评估

应急能力评估就是依据危险分析的结果，对应急资源准备状况的充分性和从事应急救援活动所具备的能力进行评估，以明确应急救援的需求和不足，为应急预案的编制奠定基础。水利水电工程建设项目应针对可能发生的事故及事故抢险的需要，实事求是地评估本工程的应急装备、应急队伍等应急能力。对于事故应急所需但本工程尚不具备的应急能力，应采取切实有效措施予以弥补。

事故应急能力包括如下内容：

（1）应急人力资源（各级指挥员、应急队伍、应急专家等）。

（2）应急通信与信息能力。

（3）人员防护设备（呼吸器、防毒面具、防酸服、便携式一氧化碳报警器等）。

（4）消灭或控制事故发展的设备（消防器材等）。

（5）防止污染的设备、材料（中和剂等）。

（6）检测、监测设备。

（7）医疗救护机构与救护设备。

（8）应急运输与治安能力。

（9）其他应急能力。

（五）应急预案编制

在以上工作的基础上，针对本水利水电工程建设项目可能发生的事故，按照有关规定和要求，充分借鉴国内外同行业事故应急工作经验，编制应急预案。应急预案编制过程中，应注重编制人员的参与和培训，充分发挥他们各自的专业优势，告知其风险评估和应急能力评估结果，明确应急预案的框架、应急过程行动重点及应急衔接、联系要点等。同时，应急预案应充分考虑和利用社会应急资源，并与地方政府、流域管理机构、水行政主管部门及相关部门的应急预案相衔接。

（六）应急预案评审

《生产经营单位生产安全事故应急预案编制导则》（GB/T 29639—2013）、《生产安全事故应急预案管理办法》等提出了对应急预案评审的要求，即应急预案编制完成后，应进行评审或者论证。内部评审由本单位主要负责人组织有关部门和人员进行；外部评审由本单位组织外部有关专家进行，并可邀请地方政府有关部门、水行政主管部门或流域管理机构有关人员参加。应急评审合格后,由本单位主要负责人签署发布,并按规定报有关部门备案。

水利水电工程建设项目应参照《生产经营单位生产安全事故应急预案评审指南(试行)》组织对应急预案进行评审。该指南给出了评审方法、评审程序和评审要点,附有应急预案形式评审表、综合应急预案要素评审表、专项应急预案要素评审表、现场处置方案要素评审表和应急预案附件要素评审表五个附件。

1. 评审方法

应急预案评审分为形式评审和要素评审,评审可采取符合、基本符合、不符合三种方式简单判定。对于基本符合和不符合的项目,应提出指导性意见或建议。

(1)形式评审。依据有关规定和要求,对应急预案的层次结构、内容格式、语言文字和制订过程等内容进行审查。形式评审的重点是应急预案的规范性和可读性。

(2)要素评审。依据有关规定和标准,从符合性、适用性、针对性、完整性、科学性、规范性和衔接性等方面对应急预案进行评审。要素评审包括关键要素和一般要素。为细化评审,可采用列表方式分别对应急预案的要素进行评审。评审应急预案时,将应急预案的要素内容与表中的评审内容及要求进行对应分析,判断是否符合表中要求,发现存在的问题及不足。

关键要素指应急预案构成要素中必须规范的内容。这些要素内容涉及水利水电工程建设项目参建各方日常应急管理及应急救援时的关键环节,如应急预案中的危险源与风险分析、组织机构及职责、信息报告与处置、应急响应程序与处置技术等要素。

一般要素指应急预案构成要素中简写或可省略的内容。这些要素内容不涉及参建各方日常应急管理及应急救援时的关键环节,而是预案构成的基本要素,如应急预案中的编制目的、编制依据、适用范围、工作原则、单位概况等要素。

2. 评审程序

应急预案编制完成后,应在广泛征求意见的基础上,采取会议评审的方式进行审查,会议审查规模和参加人员根据应急预案涉及范围和重要程度确定。

(1)评审准备。应急预案评审应做好下列准备工作:

1)成立应急预案评审组,明确参加评审的单位或人员。

2)通知参加评审的单位或人员具体评审时间。

3)将被评审的应急预案在评审前送达参加评审的单位或人员。

(2)会议评审。会议评审可按照下列程序进行:

1)介绍应急预案评审人员构成,推选会议评审组组长。

2)应急预案编制单位或部门向评审人员介绍应急预案编制或修订情况。

3)评审人员对应急预案进行讨论,提出修改和建设性意见。

4)应急预案评审组根据会议讨论情况,提出会议评审意见。

5)讨论通过会议评审意见,参加会议评审人员签字。

(3)意见处理。评审组组长负责对各位评审人员的意见进行协调和归纳,综合提出预案评审的结论性意见。按照评审意见,对应急预案存在的问题及不合格项进行分析研究,并对应急预案进行修订或完善。反馈意见要求重新审查的,应按照要求重新组织审查。

3. 评审要点

应急预案评审应包括下列内容:

(1)符合性:应急预案的内容是否符合有关法规、标准和规范的要求。

(2)适用性:应急预案的内容及要求是否符合单位实际情况。

(3)完整性:应急预案的要素是否符合评审表规定的要素。

(4)针对性:应急预案是否针对可能发生的事故类别、重大危险源、重点岗位部位。

(5)科学性:应急预案的组织体系、预防预警、信息报送、响应程序和处置方案是否合理。

(6)规范性:应急预案的层次结构、内容格式、语言文字等是否简洁明了,便于阅读和理解。

(7)衔接性:综合应急预案、专项应急预案、现场处置方案及其他部门或单位预案是否衔接。

六、应急预案管理

(一)应急预案备案

依照《生产安全事故应急预案管理办法》(国家安监总局令第 17 号),对已报批准的应急预案备案。

中央管理的企业综合应急预案和专项应急预案,报国务院国有资产监督管理部门、国务院安全生产监督管理部门和国务院有关主管部门备案;其所属单位的应急预案分别抄送所在地的省、自治区、直辖市或者设区的市人民政府安全生产监督管理部门和有关主管部门备案。

水利水电工程建设项目参建各方申请应急预案备案,应当提交下列材料:

(1)应急预案备案申请表;

(2)应急预案评审或者论证意见;

(3)应急预案文本及电子文档。

受理备案登记的安全生产监督管理部门及有关主管部门应当对应急预案进行形式审查,经审查符合要求的,予以备案并出具应急预案备案登记表;不符合要求的,不予备案并说明理由。

(二)应急预案宣传与培训

应急预案宣传和培训工作是保证预案贯彻实施的重要手段,是增强参建人员应急意识,提高事故防范能力的重要途径。

水利水电工程建设参建各方应采取不同方式开展安全生产应急管理知识和应急预案的宣传和培训工作。对本单位负责应急管理工作的人员及专职或兼职应急救援人员进行相应知识和专业技能培训,同时,加强对安全生产关键责任岗位员工的应急培训,使其掌握生产安全事故的紧急处置方法,增强自救、互救和第一时间处置事故的能力。在此基础上,确保所有从业人员具备基本的应急技能,熟悉本单位应急预案,掌握本岗位事故防范与处置措施和应急处置程序,提高应急水平。

(三)应急预案演练

应急预案演练是应急准备的一个重要环节。通过演练,可以检验应急预案的可行性和应急反应的准备情况;通过演练,可以发现应急预案存在的问题,完善应急工作机制,提高应急反应能力;通过演练,可以锻炼队伍,提高应急队伍的作战能力,熟悉操作技能;通过演练,可以教育参建人员,增强其危机意识,提高安全生产工作的自觉性。为此,预案管理和相关规章中都应有对应急预案演练的要求。

(四)应急预案修订与更新

应急预案必须与工程规模、机构设置、人员安排、危险等级、管理效率及应急资源等状况相一致。随着时间的推移,应急预案中包含的信息可能会发生变化。因此,为了不断完善和改进应急预案并保持预案的时效性,水利水电工程建设参建各方应根据本单位实际情况,及时更新和修订应急预案。

施工过程中应就下列情况对应急预案进行定期和不定期的修改或修订。

(1)日常应急管理中发现预案的缺陷。

(2)训练或演练过程中发现预案的缺陷。

(3)实际应急过程中发现预案的缺陷。

(4)组织机构发生变化。

(5)原材料、生产工艺的危险性发生变化。

(6)施工区域范围的变化。

(7)布局、消防设施等发生变化。

(8)人员及通信方式发生变化。

(9)有关法律法规标准发生变化。

(10)其他情况。

应急预案修订前,应组织对应急预案进行评估,以确定是否需要进行修订以及哪些内容需要修订。通过对应急预案更新与修订,可以保证应急预案的持续适应性。同时,更新的应急预案内容应通过有关负责人认可,并及时通告相关单位、部门和人员;修订的预案版本应经过相应的审批程序,并及时发布和备案。

第六节 安全健康管理体系认证

职业健康安全管理的目标是使企业的职业伤害事故、职业病持续减少。实现这一目标的重要组织保证体系，是企业建立持续有效并不断改进的职业健康安全管理体系（Occupational safety and health management systems，简称 OSHMS）。其核心是要求企业采用现代化的管理模式，使包括安全生产管理在内的所有生产经营活动科学、规范并有效，通过建立安全健康风险的预测、评价、定期审核和持续改进完善机制，预防事故发生和控制职业危害。

一、OSHMS 简介

OSHMS 具有系统性、动态性、预防性、全员性和全过程控制的特征。

OSHMS 以"系统安全"思想为核心，将企业的各个生产要素组合起来作为一个系统，通过危险辨识、风险评价和控制等手段来达到控制事故发生的目的；OSHMS 将管理重点放在对事故的预防上，在管理过程中持续不断地根据预先确定的程序和目标，定期审核和完善系统的不安全因素，使系统达到最佳的安全状态。

（一）标准的主要内涵

职业健康安全管理体系包括五个一级要素：职业健康安全方针、策划、实施和运行、检查、管理评审。显然，这五个一级要素中的策划、实施和运行、检查三个要素来自 PDCA 循环，其余两个要素即职业健康安全方针和管理评审，一个是总方针和总目标的明确，另一个是为了实现持续改进的管理措施，也即其中心仍是 PDCA 循环的基本要素。

这五个一级要素，包括 17 个二级要素：职业健康安全方针；对危险源辨识、风险评价和风险控制的策划；法规和其他要求；目标；职业健康安全管理方案；结构和职责；培训、意识和能力；协商和沟通；文件；文件和资料控制；运行控制；应急准备和响应；绩效测量和监视；事故、事件、不符合、纠正和预防措施；记录和记录管理；审核；管理评审。这 17 个二级要素中一部分是体现体系主体框架和基本功能的核心要素，包括职业健康安全方针，对危险源辨识、风险评价和风险控制的策划，法规和其他要求，目标，职业健康安全管理方案，结构和职责，运行控制，绩效测量和监视，审核和管理评审。一部分是支持体系主体框架和保证实现基本功能的辅助要素，包括培训、意识和能力，协商和沟通，文件，文件和资料控制，应急准备和响应，事故、事件、不符合、纠正和预防措施，记录和记录管理。

职业健康安全管理体系的 17 个二级要素的内容如下：

1. 职业健康安全方针

（1）确定职业健康安全管理的总方向和总原则及职责和绩效目标。

（2）表明组织对职业健康安全管理的承诺,特别是最高管理者的承诺。

2. 危险源辨识、风险评价和控制措施的确定

（1）对危险源辨识和风险评价,组织对其管理范围内的重大职业健康安全危险源获得一个清晰的认识和总的评价,并使组织明确应控制的职业健康安全风险;

（2）建立危险源辨识、风险评价和风险控制与其他要素之间的联系,为组织的整体职业健康安全体系奠定基础。

3. 法律法规和其他要求

（1）促进组织认识和了解其所应履行的法律义务,并对其影响有一个清醒的认识,并就此信息与员工进行沟通;

（2）识别对职业健康安全法规和其他要求的需求和获取途径。

4. 目标和方案

（1）使组织的职业健康安全方针能够得到真正落实;

（2）保证组织内部对职业健康安全方针的各方面建立可测量的目标;

（3）寻求实现职业健康安全方针和目标的途径和方法;

（4）制订适宜的战略和行动计划,并实现组织所确定的各项目标。

5. 资源、作用、职责和权限

建立适于职业健康安全管理体系的组织结构;

确定管理体系实施和运行过程中有关人员的作用、职责和权限;确定实施、控制和改进管理体系的各种资源。

（1）建立、实施、控制和改进职业健康安全管理体系所需要的资源;

（2）对作用、职责和权限做出明确规定,形成文件并沟通。

（3）按照 OSHMS 标准建立、实施和保持职业健康安全管理体系。

（4）向最高管理者报告职业健康安全管理体系运行的绩效,以供评审,并作为改进职业健康安全管理体系的依据。

6. 培训、意识和能力

（1）增强员工的职业健康安全意识;

（2）确保员工有能力履行相应的职责,完成影响工作场所内职业健康安全的任务。

7. 沟通、参与和协商

（1）确保与员工和其他相关方就有关职业健康安全的信息进行相互沟通;

（2）鼓励所有受组织运行影响的人员参与职业健康安全事务,对组织的职业健康安全方针和目标予以支持。

8. 文件

（1）确保组织的职业健康安全管理体系得到充分理解并有效运行;

（2）按有效性和效率要求,设计并尽量减少文件的数量。

9. 文件控制

（1）建立并保持文件和资料的控制程序；

（2）识别和控制体系运行和职业健康安全的关键文件和资料。

10. 运行控制

（1）制订计划,确定控制和预防措施的有效实施；

（2）根据实现职业健康安全的方针、目标、遵守法规和其他要求的需要,使与危险有关的运行和活动均处于受控状态。

11. 应急准备和响应

（1）主动评价潜在的事故和紧急情况,识别应急响应要求；

（2）制订应急准备和响应计划,以减少和预防可能引发的病症和突发事件造成的伤害。

12. 绩效测量和监视

持续不断地对组织的职业健康安全绩效进行监测和测量,以监控体系的运行状态,保证体系的有效运行。

13. 合规性评价

（1）组织建立、实施并保持一个或多个程序,以定期评价对适用法律法规的遵守情况；

（2）评价对组织同意遵守的其他要求的遵守情况。

14. 事件调查、不符合、纠正措施和预防措施

（1）组织应建立、实施并保持一个或多个程序,用于记录、调查及分析事件,以确定可能造成或引发事件的潜在的职业健康安全管理的缺陷或其他原因；识别采取纠正措施的需求；识别采取预防措施的机会；识别持续改进的机会；沟通事件的调查结果。

事件调查应及时进行。任何识别的纠正措施需求或预防措施的机会应该按照相关规定处理。

（2）不符合、纠正措施和预防措施。组织应建立、实施一个或多个程序,用来处理实际或潜在的不符合的情况,并采取纠正措施或预防措施。程序中应规定下列要求：

a. 识别并纠正不符合的情况,并采取措施以减少对职业健康安全的影响。

b. 调查不符合情况,确定其原因,并采取措施以防止再度发生。

c. 评价采取预防措施的需求,实施所制定的适当预防措施,以预防不符合的发生。

d. 记录并沟通所采取纠正措施和预防措施的结果。

e. 评价所采取纠正措施和预防措施的有效性。

15. 记录控制

（1）组织应根据需要, 建立并保持所必需的记录,用以证实其职业健康安全管理体系达到 OSHMS 标准各项要求结果的符合性。

（2）组织应建立、实施并保持一个或多个程序,用于对记录的标识、存放、保护、检索、留存和处置。记录应保持字迹清楚、标识明确、易读,并具有可追溯性。

16. 内部审核

（1）持续评估组织的职业健康安全管理体系的有效性；

（2）组织通过内部审核，自我评审本组织建立的职业健康安全体系与标准要求的情况符合性；

（3）确定对形成文件的程序的符合程度；

（4）评价管理体系是否有效满足组织的职业健康安全目标。

17. 管理评审

（1）评价管理体系是否完全实施和是否持续保持；

（2）评价组织的职业健康安全方针是否继续合适；

（3）为了组织的未来发展要求，重新制定组织的职业健康安全目标或修改现有的职业健康安全目标，并考虑为此是否需要修改有关的职业健康安全管理体系的要素。

（二）安全体系基本特点

建筑企业在建立与实施自身职业健康安全管理体系时，应注意充分体现建筑业的基本特点。

1. 危害辨识、风险评价和风险控制策划的动态管理。建筑企业在实施职业健康安全管理体系时，应根据客观状况的变化，及时对危害辨识、风险评价和风险控制过程进行评审，并注意在发生变化前即采取适当的预防性措施。

2. 强化承包方的教育与管理。建筑企业在实施职业健康安全管理体系时，应特别注意通过适当的培训与教育形式来提高承包方人员的职业安全健康意识与知识，并建立相应的程序与规定，确保他们遵守企业的各项安全健康规定与要求，并促进他们积极地参与体系实施和以高度责任感完成其相应的职责。

3. 加强与各相关方的信息交流。建筑企业在施工过程中往往涉及多个相关方，如承包方、业主、监理方和供货方等。为了确保职业健康安全管理体系的有效实施与不断改进，必须依据相应的程序与规定，通过各种形式加强与各相关方的信息交流。

4. 强化施工组织设计等设计活动的管理。必须通过体系的实施，建立和完善对施工组织设计或施工方案及单项安全技术措施方案的管理，确保每一设计中的安全技术措施都根据工程的特点、施工方法、劳动组织和作业环境等提出有针对性的具体要求，从而保证建筑施工安全。

5. 强化生活区安全健康管理。每一承包项目的施工活动中都要涉及现场临建设施及施工人员住宿与餐饮等管理问题，这也是建筑施工队伍容易出现安全与中毒事故的关键环节。实施职业安全健康管理体系时，必须控制现场临建设施及施工人员住宿与餐饮管理中的风险，建立与保持相应的程序和规定。

6. 融合。建筑企业应将职业安全健康管理体系作为其全面管理的一个组成部分，它的建立与运行应融合整个企业的价值取向，包括体系内各要素、程序和功能与其他管理体系的融合。

（三）建筑业建立 OSHMS 的作用和意义

1. 有助于提高企业的职业安全健康管理水平。OSHMS 概括了发达国家多年的管理经验。同时，体系本身具有相当的弹性，容许企业根据自身特点加以发挥和运用，结合企业自身的管理实践进行管理创新。OSHMS 通过开展周而复始的策划、实施、检查和评审改进等活动，保持体系的持续改进与不断完善，这种持续改进、螺旋式上升的运行模式，将不断提高企业的职业安全健康管理水平。

2. 有助于推动职业安全健康法规的贯彻落实。OSHMS 将政府的宏观管理和企业自身的微观管理结合起来，使职业安全健康管理成为组织管理的一个重要组成部分，突破了以强制性政府指令为主要手段的单一管理模式，使企业由消极被动地接受监督转变为主动参与的市场行为，有助于国家有关法律法规的贯彻落实。

3. 有助于降低经营成本，提高企业经济效益。OSHMS 要求企业对各个部门的员工进行相应的培训，使他们了解职业安全健康方针及各自岗位的操作规程，提高全体职工的安全意识，预防及减少安全事故的发生，降低安全事故的经济损失和经营成本。同时，OSHMS 还要求企业不断改善劳动者的作业条件，保障劳动者的身心健康，这有助于提高企业职工的劳动效率，进而提高企业的经济效益。

4. 有助于提高企业的形象和社会效益。为建立 OSHMS，企业必须对员工和相关方的安全健康提供有力的保证。这个过程体现了企业对员工生命和劳动的尊重，有利于改善企业的公共关系，提升社会形象，增强凝聚力，提高企业在金融、保险业中的信誉度和美誉度，从而增加获得贷款、降低保险成本的机会，增强其市场竞争力。

5. 有助于促进我国建筑企业进入国际市场。建筑业属于劳动密集型产业。我国建筑业由于具有低劳动力成本的特点，在国际市场中比较有优势。但当前不少发达国家为保护其传统产业采用了一些非关税壁垒（如安全健康环保等准入标准）来阻止发展中国家的产品与劳务进入本国市场。因此，我国企业要进入国际市场，就必须按照国际惯例规范自身的管理，冲破发达国家设置的种种准入限制。OSHMS 作为第三张标准化管理的国际通行证，它的实施将有助于我国建筑企业进入国际市场，并提高其在国际市场上的竞争力。

二、管理体系认证程序

建立 OSHMS 的步骤如下：领导决策→成立工作组→人员培训→危害辨识及风险评价→初始状态评估→职业安全模块管理体系设计→体系文件编制→体系试运行→内部审核→管理评审→第三方审核及认证注册等。

建筑企业可参考如下步骤来制订建立与实施职业安全健康管理体系的推进计划。

1. 学习与培训。职业安全健康管理体系的建立和完善的过程，是始于教育、终于教育的过程，也是提高认识和统一认识的过程。教育培训要分层次、循序渐进地进行，需要企业所有人员的参与和支持。在全员培训基础上，要有针对性地抓好管理层和内审员的培训。

2. 初始评审。初始评审的目的是为职业安全健康管理体系建立和实施提供基础，为职业安全健康管理体系的持续改进建立绩效基准。

初始评审主要包括以下内容：

（1）仔细查阅相关的职业安全健康法律、法规和其他要求，对其适用性及需遵守的内容进行确认，并对遵守情况进行调查和评价；

（2）对现有的或计划的建筑施工相关活动进行危害辨识和风险评价；

（3）确定现有措施或计划采取的措施是否能够消除危害或控制风险；

（4）对所有现行职业安全健康管理的规定、过程和程序等进行检查，并评价其对管理体系要求的有效性和适用性；

（5）分析以往建筑安全事故情况及员工健康监护数据等相关资料，包括人员伤亡、职业病、财产损失的统计、防护记录和趋势分析；

（6）对现行组织机构、资源配备和职责分工等进行评价。

初始评审的结果应形成文件，并作为建立职业安全健康管理体系的基础。

3. 体系策划。根据初始评审结果和本企业的资源，进行职业安全健康管理体系的策划。策划工作主要包括以下内容：

（1）确立职业安全健康方针；

（2）制订职业安全健康体系目标及其管理方案；

（3）结合职业安全健康管理体系要求进行职能分配和机构职责分工；

（4）确定职业安全健康管理体系文件结构和各层次文件清单；

（5）为建立和实施职业安全健康管理体系准备必要的资源；

（6）文件编写。

4. 体系试运行。各个部门和所有人员都按照职业安全健康管理体系的要求开展相应的安全健康管理和建筑施工活动，对职业安全健康管理体系进行试运行，以检验体系策划与文件化规定的充分性、有效性和适宜性。

5. 评审完善。通过职业安全健康管理体系的试运行，特别是依据绩效监测和测量、审核以及管理评审的结果，检查与确认职业安全健康管理体系各要素是否按照计划安排有效运行，是否达到了预期的目标，并采取相应的改进措施，使所建立的职业安全健康管理体系得到进一步完善。

三、管理体系认证的重点

（一）建立健全组织体系

建筑企业的最高管理者应对企业员工的安全与健康负全面责任，并应在企业内设立各级职业安全健康管理的领导岗位，针对那些对其施工活动、设施（设备）和管理过程的职业安全健康风险有一定影响的从事管理、执行和监督的各级管理人员,规定其作用、职责和权限,以确保职业安全健康管理体系的有效建立、实施与运行并实现职业安全健康目标。

(二)全员参与及培训

建筑企业为了有效开展体系的策划、实施、检查与改进工作,必须基于相应的培训来确保所有相关人员均具备必要的职业安全健康知识,熟悉有关安全生产规章制度和安全操作规程,正确使用和维护安全和职业病防护设备及个体防护用品,具备本岗位的安全健康操作技能,及时发现和报告事故隐患或者其他安全健康危险因素。

(三)协商与交流

建筑企业应通过建立有效的协商与交流机制,确保员工及其代表在职业安全健康方面的权利,并鼓励他们参与职业安全健康活动,促进各职能部门之间的职业安全健康信息交流和及时接受处理相关方关于职业安全健康方面的意见和建议,为实现建筑企业职业安全健康目标提供支持。

(四)应急预案与响应

建筑企业应依据风险评价和风险控制的结果、法律法规等的要求有针对性地制订应急预案。

(五)评价

评价的目的是要求建筑企业定期或及时地发现其职业安全健康管理体系的运行过程中或体系自身所在的问题,并确定出问题产生的根源或需要持续改进的地方。体系评价主要包括绩效测量与监测、事故和事件的调查等。

(六)改进措施

改进措施的目的是要求建筑企业加强隐患防范意识从而不断消除、降低或控制各类职业安全健康危害和风险。

第七节　安全事故处理

水利工程施工安全是指在施工过程中,工程组织方应该采取必要的安全措施和手段来保证施工人员的生命和健康安全,降低安全事故发生的概率。

一、概述

(一)概念

工伤事故就是企业员工在为公司或工厂进行施工建设中因为某种原因造成的伤亡事故。对于工伤事故,国务院早就做出过规定,《工人职员伤亡事故报告规程》指出,"企业对于工人职员在生产区域中所发生的和生产有关的伤亡事故（包括急性中毒）必须按规定进行调查、登记统计和报告"。从目前的情况来看，除了施工单位的员工以外，工伤事故的发生群体还包括民工、临时工和参加生产劳动的学生、教师、干部等。

（二）伤亡事故的分类

一般来说，伤亡事故的分类都是根据受伤害者受到的伤害程度进行划分的。

1. 轻伤

轻伤是职工受到伤害程度最低的一种工伤事故，按照相关法律的规定，员工如果受到轻伤而造成歇工一天或一天以上就应视为轻伤事故处理。

2. 重伤事故

重伤的情况分为很多种，一般来说凡是有下列情况之一者，都属于重伤，做重伤事故处理。

（1）经医生诊断成为残疾或可能成为残疾的。

（2）伤势严重，需要进行较大手术才能挽救的。

（3）人体要害部位严重灼伤、烫伤或非要害部位，但灼伤、烫伤占全身面积 1/3 以上的；严重骨折，严重脑震荡等。

（4）眼部受伤较重，对视力产生影响，甚至有失明可能的。

（5）手部伤害：大拇指轧断一切的，食指、中指、无名指任何一只轧断两节或任何两只轧断一节的局部肌肉受伤严重，引起机能障碍，有不能自由伸屈的残疾可能的。

（6）脚部伤害：一脚脚趾轧断三只以上的，局部肌肉受伤甚剧，有不能行走自如的残疾可能的；内部伤害，内脏损伤、内出血或伤及腹膜等。

（7）其他部位伤害严重的：不在上述各点内，经医师诊断后，认为受伤较重，根据实际情况由当地劳动部门审查认定。

3. 多人事故

在施工过程中如果出现多人（3 人或 3 人以上）受伤的情况，那么应按多人工伤事故处理。

4. 急性中毒

急性中毒是指由于食物、饮水、接触物等原因造成的员工中毒。急性中毒会对受害者的机体造成严重的伤害，一般作为工伤事故处理。

5. 重大伤亡事故

重大伤亡事故是指在施工过程中，由于事故造成一次死亡 1~2 人的事故，应做重大伤亡处理。

6. 多人重大伤亡事故

多人重大伤亡事故是指在施工过程中，由于事故造成一次死亡 3 人或 3 人以上、10 人以下的重大工伤事故。

7. 特大伤亡事故

特大伤亡事故是指在施工过程中，由于事故造成一次死亡 10 人或 10 人以上的伤亡事故。

二、事故处理程序

一般来说，如果在施工过程中发生重大伤亡事故，企业负责人应在第一时间组织伤员抢救，并及时将事故情况报告给各有关部门，具体来说主要分为以下三个主要步骤：

（一）迅速抢救伤员、保护好事故现场

在工伤事故发生之后，施工单位的负责人应迅速组织人员对伤员展开抢救，并拨打 120 急救热线。另外，还要保护好事故现场，帮助劳动责任认定部门进行劳动责任认定。

（二）组织调查组

轻伤、重伤事故由企业负责人或其指定人员组织生产、技术、安全等部门及工会组成事故调查组，进行调查；伤亡事故由企业主管部门会同同级行政安全管理部门、公安部门、监察部门、工会组成事故调查组，进行调查。死亡和重大死亡事故调查组应邀请人民检察院参加，还可邀请有关专业技术人员参加，与发生事故有直接利害关系的人员不得参加调查组。

（三）现场勘察

1. 做出笔录

通常情况下，笔录的内容包括事发时间、地点及气象条件等；现场勘察人员的姓名、单位、职务；现场勘察起止时间、勘察过程；能量逸散所造成的破坏情况、状态、程度；设施设备损坏情况及事故发生前后的位置；事故发生前的劳动组合，现场人员的具体位置和行动；重要物证的特征、位置及检验情况等。

2. 实物拍照

实物拍照包括方位拍照，反映事故现场周围环境中的位置；全面拍照，反映事故现场各部位之间的联系；中心拍照，反映事故现场中心情况；细目拍照，提示事故直接原因的痕迹物、致害物；人体拍照，反映伤亡者主要受伤和造成伤害的部位。

3. 现场绘图

根据事故的类别和规模以及调查工作的需要应绘制：建筑物平面图、剖面图；事故发生时人员位置及疏散图；破坏物立体图或展开图；涉及范围图；设备或工、器具构造图等。

4. 分析事故原因、确定事故性质

分析的步骤和要求如下：

（1）通过详细调查，查明事故发生的经过。

（2）整理和仔细阅读调查资料，对受伤部位、受伤性质、起因物、致害物、伤害方法、不安全行为和不安全状态等七项内容进行分析。

（3）根据调查所确认的事实,从直接原因入手,逐渐深入间接原因。通过对原因的分析,确定出事故的直接责任者和领导责任者,根据在事故发生中的作用,找出主要责任者。

（4）确定事故的性质,如责任事故、非责任事故或破坏性事故。

5. 写出事故调查报告

事故调查组应着重把事故发生的经过、原因、责任分析和处理意见以及本次事故的教训和改进工作的建议等写成报告,调查组全体人员签字后报批。如内部意见不统一,应进一步弄清事实,对照政策法规反复研究,统一认识。对于个别同志仍持有不同意见的,可在签字时写明自己的意见。

6. 事故的审理和结案

建设部对事故的审批和结案有以下几点要求:

（1）事故调查处理结论,应经有关机关审批后,方可结案。伤亡事故处理工作应当在90d 内结案,特殊情况不得超过 180d。

（2）事故案件的审批权限,同企业的隶属关系及人事管理权限一致。

（3）应根据其情节轻重和损失大小对事故责任人进行处理。

（4）要把事故调查处理的文件、图纸、照片、资料等记录长期完整地保存起来。

参考文献

[1] 杨李,魏垂场.水利工程测量 [M].北京:中国水利水电出版社,2017.

[2] 陈兰兰.水利工程测量 [M].北京:中国水利水电出版社,2017.

[3] 王朝林.水利工程测量实训 [M].北京:中国水利水电出版社,2017.

[4] 杜玉柱.水利工程测量技术 [M].北京:中国水利水电出版社,2017.

[5] 李援农,邓业胜.农业水利工程测量 [M].咸阳:西北农林科技大学出版社,2017.

[6] 胡师云.水利工程施工测量 [M].成都:电子科技大学出版社,2017.

[7] 罗勇,王炎,何秋珍.工程测量 [M].西安:西北工业大学出版社,2017.

[8] 孙三民,李志刚,邱春.水利工程测量 [M].天津:天津科学技术出版社,2018.

[9] 程健.水利工程测量 [M].北京:中国水利水电出版社,2018.

[10] 李文婷,朱丽巍.水利工程测量技术研究 [M].汕头:汕头大学出版社,2018.

[11] 杨红霞,郝艳娥,王磊.土木工程测量 [M].武汉:武汉大学出版社,2018.

[12] 沈凤生.节水供水重大水利工程规划设计技术 [M].郑州:黄河水利出版社,2018.

[13] 焦明连,朱恒山,李晶.测绘与地理信息技术 [M].徐州:中国矿业大学出版社,2018.

[14] 周建郑.工程测量读本 [M].北京:化学工业出版社,2018.

[15] 陈涛.水利工程测量 [M].北京:中国水利水电出版社,2019.

[16] 陈涛.水利工程测量实训 [M].北京:中国水利水电出版社,2019.

[17] 孙玉玥,姬志军,孙剑.水利工程规划与设计 [M].长春:吉林科学技术出版社,2019.

[18] 邵亚飞.测量学 [M].北京:北京邮电大学出版社,2019.

[19] 张逸仙,杨正春,李良琦.水利水电测绘与工程管理 [M].北京:兵器工业出版社,2019.

[20] 张豪.土木工程测量 [M].北京:中国建筑工业出版社,2019.

[21] 刘明堂,胡万元,陆桂明.水利信息监测及水利信息化 [M].北京:中国水利水电出版社,2019.

[22] 宋超智,陈翰新,温宗勇.大国工程测量技术创新与发展 [M].北京:中国建筑工业出版社,2019.

[23] 李潮雄,田树斌,李国锋.测绘工程技术与工程地质勘察研究 [M].文化发展出版社,2019.

[24] 刘勇,郑鹏,王庆.水利工程与公路桥梁施工管理 [M].长春:吉林科学技术出版社,2020.

[25] 张鹏.水利工程施工管理 [M].郑州:黄河水利出版社,2020.

[26] 张义.水利工程建设与施工管理 [M].长春:吉林科学技术出版社,2020.